现代采矿环境保护

主　编　陈国山　杨　林
副主编　赵恩宇　陶　蔚　金　霄

北　京
冶 金 工 业 出 版 社
2012

内 容 提 要

本书的主要内容包括：现代地下和露天采矿的基本知识及工艺、选矿厂选别方法及工艺流程；采用空场采矿法、崩落采矿法和充填采矿法环境保护优势、问题及解决方法；矿山生产环境污染的产生、危害和治理方法；矿山环境保护与可持续发展、矿山环境保护法律法规、矿山环境保护的防治技术、矿山环境保护的监督。

本书适用于从事环境保护管理及监督的国家公务人员、矿山生产企业的负责人、矿山生产企业管理人员、矿山生产企业技术人员阅读及参考，也可作为矿山生产及相关专业的教材，以及相关矿山企业的培训教材。

图书在版编目（CIP）数据

现代采矿环境保护/陈国山，杨林主编. —北京：冶金工业出版社，2012.9

ISBN 978-7-5024-6025-9

Ⅰ.①现…　Ⅱ.①陈…　②杨…　Ⅲ.①矿区环境保护　Ⅳ.①X322

中国版本图书馆 CIP 数据核字（2012）第 202572 号

出 版 人　谭学余
地　　址　北京北河沿大街嵩祝院北巷 39 号，邮编 100009
电　　话　(010)64027926　电子信箱　yjcbs@cnmip.com.cn
策划编辑　俞跃春　责任编辑　俞跃春　尚海霞　美术编辑　彭子赫
版式设计　孙跃红　责任校对　石　静　责任印制　牛晓波
ISBN 978-7-5024-6025-9
冶金工业出版社出版发行；各地新华书店经销；北京百善印刷厂印刷
2012 年 9 月第 1 版，2012 年 9 月第 1 次印刷
787mm×1092mm　1/16；11.25 印张；268 千字；170 页
32.00 元

冶金工业出版社投稿电话：(010)64027932　投稿信箱：tougao@cnmip.com.cn
冶金工业出版社发行部　电话：(010)64044283　传真：(010)64027893
冶金书店　地址：北京东四西大街 46 号(100010)　电话：(010)65289081(兼传真)
（本书如有印装质量问题，本社发行部负责退换）

前　言

近年来，我国工业对矿产品的需求量倍增，矿业开发规模空前。企业的发展不仅为我们提供了各类资源，同时也对环境造成了严重的破坏，企业生产过程中所产生的“三废”，不仅导致了严重的矿山生态环境问题，并有进一步恶化的趋势。随着我国经济和社会的发展、环境保护意识的增强，以及清洁生产和社会可持续发展的需要，矿山环境保护、污染防治与治理已成为迫切需要解决的重大社会和环境问题。

本书在编写过程中充分结合环境保护科学技术的一般概念、原理和方法，较全面地阐述了矿山环境工程中存在的主要问题及其解决的途径和措施。其主要内容包括：矿山基本知识、采矿方法与环境保护（地下采矿与环境保护、露天采矿与环境保护）、矿山生产企业的污染源（废气、废水、固体废物）、矿山产生“三废”的危害（矿山产生废气的危害、矿山产生废水的危害、矿山排弃废石的危害）、矿山产生“三废”的治理、矿山企业环境保护（环境保护的法律法规、环境保护的监督等）等。

本书是作者继《采矿技术》、《现代矿山生产与安全管理》之后出版的现代矿山生产系列科技书之一。

参加本书编写的有吉林电子信息职业技术学院陈国山、杨林、金霄、马红超、王铁富；鞍钢集团矿业公司赵恩宇；鞍钢集团朝阳鞍凌钢铁有限公司陶蔚。具体分工：陈国山、马红超、王铁富编写第1章；赵恩宇编写第2章；金霄编写第3章；杨林编写第4章和第5章；陶蔚编写第6章。全书由陈国山、杨林任主编，赵恩宇、陶蔚、金霄任副主编。

本书在编写过程中，许多同行和矿山工程技术人员给予了支持和帮助，在此表示衷心的感谢，同时参考了一些文献资料，谨向文献作者和出版单位致以诚挚的谢意！

由于编者水平所限，书中不妥之处，敬请广大读者批评指正。

作　者

2012年7月

目　录

1 矿山基本知识

1.1 地下采矿基本知识

1.1.1 基本概念

凡是地壳中的矿物自然聚合体，在现代技术经济水平条件下，能以工业规模从中提取国民经济所必需的金属或其他矿物产品者，称为矿石。以矿石为主体的自然聚集体称为矿体。矿床是矿体的总称，一个矿床可由一个或多个矿体所组成。矿体周围的岩石称为围岩，根据其与矿体的相对位置的不同，有上盘围岩、下盘围岩与侧翼围岩之分。缓倾斜及水平矿体的上盘围岩也称为顶板，下盘围岩称为底板。矿体的围岩及矿体中的岩石（夹石）如果不含有用成分或有用成分含量过少，从经济角度出发无开采价值的，称为废石。

矿石中有用成分的含量，称为品位。品位常用质量分数表示。黄金、金刚石、宝石等贵重矿石，常分别用1t（或1m^3）矿石中含多少克或克拉有用成分来表示，如某矿的金矿品位为5g/t等。矿床内的矿石品位分布均匀的很少。对各种不同种类的矿床，许多国家都有统一规定的边界品位。边界品位是划分矿石与废石（围岩或夹石）有用组分最低含量的标准。矿山计算矿石储量分为表内储量与表外储量。表内外储量划分的标准是按最低可采平均品位，又名最低工业品位，简称工业品位。按工业品位圈定的矿体称为工业矿体。显然，工业品位高于或等于边界品位。

矿石和废石、工业矿床与非工业矿床划分的概念是相对的。它随着国家资源情况、国民经济对矿石的需求、经济地理条件、矿石开采及加工技术水平的提高，以及生产成本升降和市场价格的变化等而变化。例如，我国锡矿石的边界品位高于一些国家规定的5倍以上；随着硫化铜矿石选矿技术提高等原因，铜矿石边界品位已由0.6%降到0.3%；有的交通条件好的缺磷肥地区，所开采的磷矿石品位甚至低于边疆交通不便富磷地区的废石品位。

矿床按其存在形态的不同，可分为固相、气相（如二氧化碳气矿、硫化氢气矿）及液相（如盐湖中的各种盐类矿物、液体天然碱）3种。

矿石按其属性来分，可分为金属矿石及非金属矿石两大类。其中，金属矿石又可根据其所含金属种类的不同，分为贵重金属矿石（金、银、铂等）、有色金属矿石（铜、铅、锌、铝、镁、锑、钨、锡、钼等）、黑色金属矿石（铁、锰、铬等）、稀有金属矿石（钽、铌等）和放射性矿石（铀、钍等）。据其所含金属成分的数目，矿石可分为单一金属矿石和多金属矿石。

金属矿石按其所含金属矿物的性质、矿物组成及化学成分，可分为自然金属矿石、氧化矿石、硫化矿石、混合矿石。

(1) 自然金属矿石：这是指金属以单一元素存在于矿床中的矿石，如金、银、铂、铜等。

(2) 氧化矿石：这是指矿石中矿物的化学成分为氧化物、碳酸盐及硫酸盐的矿石，如赤铁矿 Fe_2O_3、红锌矿 ZnO、软锰矿 MnO_2、赤铜矿 CuO、白铅矿 $PbCO_3$ 等。一些铜矿及铅锌矿床，在靠近地表的氧化带内，常有氧化矿石存在。

(3) 硫化矿石：这是指矿石中矿物的化学成分为硫化矿物的矿石，如黄铜矿 $CuFeS_2$、方铅矿 PbS、辉钼矿 MeS_2 等。

(4) 混合矿石：这是指矿石中含有上述三种矿物中两种和两种以上的矿石混合物。开采这类矿床时，要考虑分采分运的可能性。

我国化工系统开采多种盐类矿床，这些盐类矿物具有共同的特点，就是溶于水，只是各种矿物的溶解度不相同。按化学组成，盐类矿物可分为氯化物盐类矿物（如岩盐、钾石盐）、硫酸盐盐类矿物（如石膏、芒硝）、碳酸盐盐类矿物（如天然碱）、硝酸盐盐类矿物（如智利硝石）、硼酸盐盐类矿物（如硼矿）等。

矿石中有用成分含量的多少是衡量矿石质量的一个重要指标。根据矿石中含有用成分的多少，矿石有富矿、中矿和贫矿之分。如磁铁矿品位超过55%时为富矿，品位在50%～55%时为高炉富矿，品位为30%～50%时为贫矿。贫铁矿必须进行选矿。品位超过1%的铜矿即为富矿。硫铁矿和磷矿常常是品位合格的就可以不经选矿加工即作为商品矿出售。含五氧化二磷（P_2O_5）30%（质量分数）的磷矿石和含硫35%（质量分数）的硫铁矿作为标准矿，凡采出的磷矿和磁铁矿，均以其实际品位折合成标准矿计算产量。例如，生产出3t品位为23.3%的硫铁矿可折算成2t标准硫铁矿产量。

矿石按其有用成分的价值可分为高价矿、中价矿及低价矿。低价矿如我国的磷矿石，一般都不用成本较高的充填采矿法开采。我国的金矿及高品位的有色、贵重和稀有金属矿，则可用充填采矿法开采。开采高价矿及富矿时，更应尽量减少开采损失和贫化。

对于某些矿物，主要是非金属矿物，决定其使用价值的不仅是有用成分的含量，还要考虑其某些特殊物理技术性能。如晶体结构及晶体完整、纯净程度以及有害成分含量等，并以此划分品级，以适应不同的工业用途。

矿石中某些有害成分以及开采时围岩中有害成分混入后，如果通过选矿不能除去，或者不经选矿而直接用原矿（如高炉富铁矿）加工时，都会降低矿石的使用价值。铁矿石含硫、磷超过一定标准时，将严重影响钢铁质量。磷矿石中的氧化镁超过标准时（包括围岩的混入），会影响磷矿石的使用价值，增加加工成本。

1.1.2 矿床开拓

1.1.2.1 金属矿地下开采的步骤

矿床进行地下开采时，一般都按照矿床开采四步骤，即按照开拓、采准、切割、回采的步骤进行，这样才能保证矿井正常生产。

A 开拓

从地表开掘一系列的巷道到达矿体，以形成矿井生产所必不可少的行人、通风、提升、运输、排水、供电、供风、供水等系统，以便将矿石、废石、污风、污水运（排）到地面，并将设备、材料、人员、动力及新鲜空气输送到井下，这一工作称为开拓。矿床开拓是矿山的地下基本建设工程。为进行矿床开拓而开掘的巷道，称为开拓巷道，例如竖井、斜井、平硐、风井、主溜井、充堵井、石门、井底车场及硐室、阶段运输平巷等。这些开拓巷道都是为全矿或整个阶段开采服务的。

矿床开拓是矿山的主要基本建设工程。一旦开拓工程完成，矿山的生产规模等就已基本定型，很难进行大的改变。矿井开拓方案的确定是一项涉及范围广、技术性和政策性很强的工作，应予以重视。

按照开拓井巷所担负的任务，可分为主要开拓井巷和辅助开拓井巷两类。用于运输和提升矿石的井巷称为主要开拓井巷，例如作为主要提运矿石用的平硐、竖井、盲竖井、斜井、盲斜井以及斜坡道等；用于其他目的井巷，一般只起到辅助作用的称为辅助开拓井巷，如通风井、溜矿井、充填井、石门、井底车场及阶段运输平巷等。

B 采准

采准是在已完成开拓工作的矿体中掘进巷道，将阶段划分为矿块（采区），并在矿块中形成回采所必需的行人、凿岩、通风、出矿等条件。掘进的巷道称为采准巷道。一般主要的采准巷道有阶段运输平巷、穿脉巷道、通风行人天井、电耙巷道、漏斗颈、斗穿、放矿溜井、凿岩巷道、凿岩天井、凿岩硐室等。

C 切割

切割工作是指在完成采准工作的矿块内，为大规模回采矿石开辟自由面和补偿空间，矿块回采前，必须先切割出自由面和补偿空间。凡是为形成自由面和补偿空间而开掘的巷道，称为切割巷道，例如切割天井、切割上山、拉底巷道、斗颈等。

不同的采矿方法有不同的切割巷道。但切割工作的任务就是辟漏、拉底、形成切割槽。采准切割工作基本是掘进巷道，其掘进速度和掘进效率比回采工作低，掘进费用也高。因此，采准切割巷道工程量的大小，就成为衡量采矿方法优劣的一个重要指标，为了进行对比，通常用采切比来表示，即从矿块内每采出1000t（或10000t）矿石所需掘进的采准切割巷道的长度。利用采切比，可以根据矿山的年产量估算矿山全年所需开掘的采准切割巷道总量。

D 回采

在矿块中做好采准切割工程后，进行大量采矿的工作，称为回采。回采工作开始前，根据采矿方法的不同，一般还要扩漏（将漏斗颈上部扩大成喇叭口），或者开掘堑沟；有的要将拉底巷道扩大成拉底空间，有的要把切割天井或切割上山扩大成切割槽。这类将切割巷道扩大成自由空间的工作，称为切割采矿（简称切采）或补充切割。切割采矿工作是在两个自由面的情况下以回采的方式（不是掘进巷道的方式）进行的，其效率比掘进切割巷道高得多，甚至接近采矿效率。这部分矿量常计入回采工作中。

回采工作一般包括落矿、采场运搬、地压管理三项主要作业。如果矿块划分为矿房和矿柱进行两步骤开采时，回采工作还应包括矿柱回采。同样，矿柱回采时所需开掘的巷道，也应计入采准切割巷道中。

1.1.2.2 竖井开拓法

主要开拓巷道采用竖井的开拓方法称为竖井开拓法。当矿体倾角大于45°或小于15°，且埋藏较深时，常采用竖井开拓法。由于竖井的提升能力较大，因此，它常用于大中型矿井。竖井开拓法在矿床开采中被广泛采用。

竖井根据其与矿体的位置不同有下盘竖井、上盘竖井、侧翼竖井和竖井穿过矿体4种。

A 下盘竖井开拓法

图1-1所示为位于矿体下盘岩石移动界线以外的下盘竖井开拓法。每个阶段从竖井向矿体开掘阶段石门通达矿体。这种开拓方法是竖井开拓中应用最多的方法。

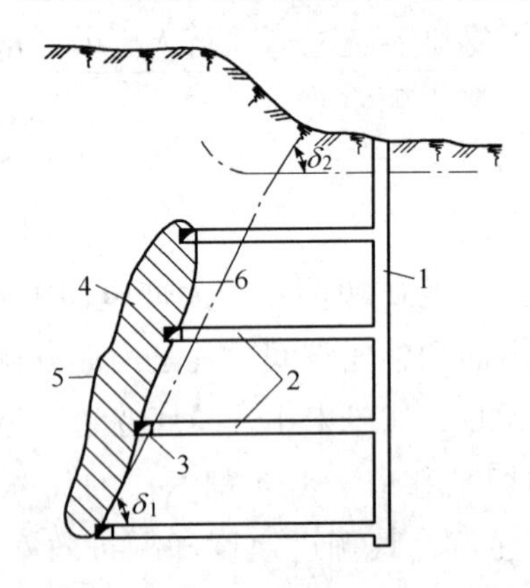

图1-1 下盘竖井开拓法

1—竖井；2—石门；3—平巷；4—矿体；5—上盘；6—下盘

B 上盘竖井开拓法

图1-2所示为将竖井布置在矿体上盘岩石移动界线以外的上盘围岩中的上盘竖井开拓法。每个阶段从竖井向矿体开掘阶段石门，阶段石门穿过矿体后再在矿体或下盘岩石中开掘阶段运输平巷。

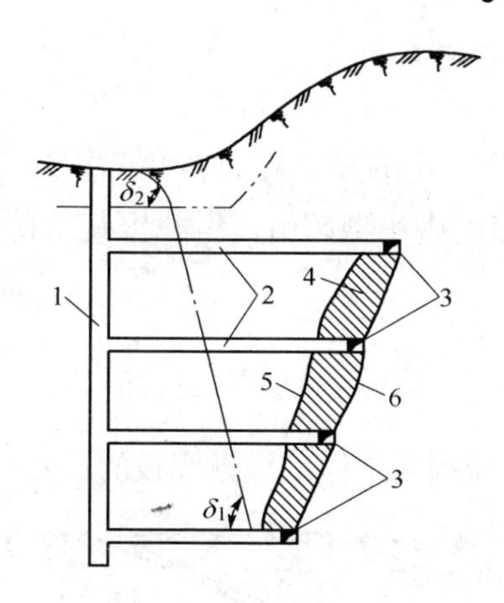

图 1-2　上盘竖井开拓法

1—竖井；2—石门；3—平巷；4—矿体；5—上盘；6—下盘

C　侧翼竖井开拓法

侧翼竖井开拓法是将主竖井布置在矿体走向一端的端部围岩或下盘围岩中的开拓方法（见图 1-3）。

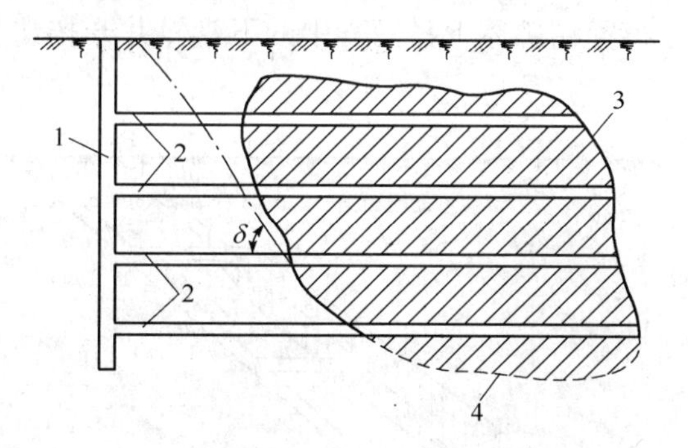

图 1-3　侧翼竖井开拓法

1—竖井；2—石门；3—矿体；4—地质储量界线

D　竖井穿过矿体开拓法

当矿体倾角很小，平面投影面积很大时，可采用竖井穿过矿体开拓法（见图 1-4）。

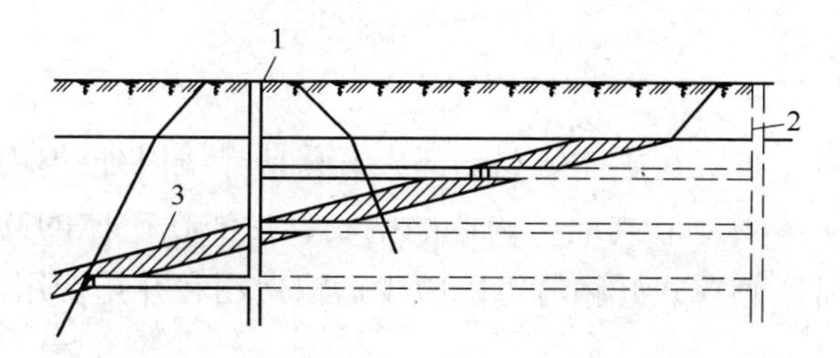

图 1-4　竖井穿过矿体开拓法

1—穿过矿体的竖井；2—下盘竖井井位；3—保安矿柱

1.1.2.3 斜井开拓法

用斜井作为主要开拓巷道的开拓方法称为斜井开拓法。它主要适用于倾角为15°~45°、埋藏深度不大、表土不厚的中小型矿山。斜井按其与矿体的相对位置，可分为下盘、脉内、侧翼3种。

A 脉内斜井开拓法

脉内斜井开拓法是将斜井开掘在矿体内靠近底板的位置上，如图1-5所示。

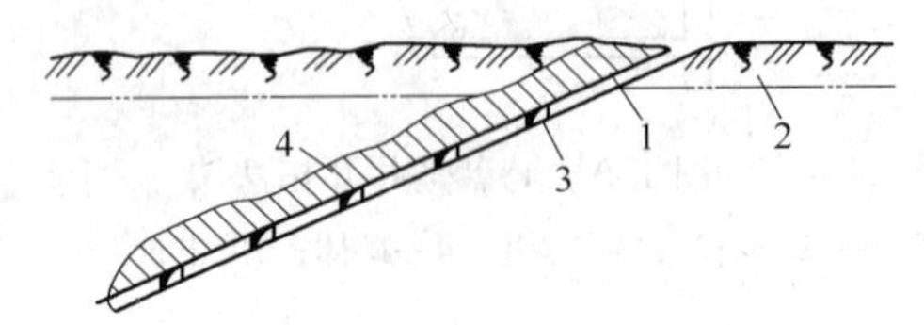

图1-5 脉内斜井开拓法

1—脉内斜井；2—表土层；3—阶段平巷；4—矿体

B 下盘斜井开拓法

图1-6所示为将斜井布置在矿体下盘围岩中的下盘斜井开拓法。斜井通过阶段石门与矿体联系。

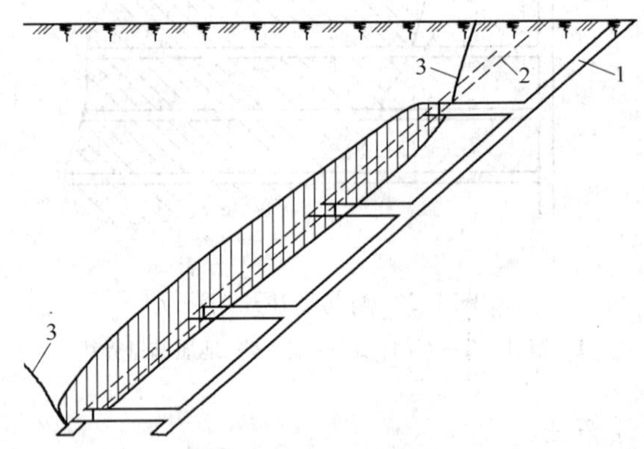

图1-6 下盘斜井开拓法

1—主斜井；2—矿体侧翼辅助斜井；3—岩石移动界线

C 侧翼斜井开拓法

图1-7所示为将斜井布置在矿体侧翼端部岩石移动界线以外的侧翼斜井开拓法。这种开拓方法主要是用于矿体受地形或地质构造的限制，无法在矿体的其他部位布置斜井时，特别是矿体走向不大时，侧翼式开拓有可能减少运输费用和开拓费用。

1.1.2.4 平硐开拓法

以平硐为主要开拓巷道的开拓方法称为平硐开拓法。平硐开拓法只能开拓地表侵蚀基准

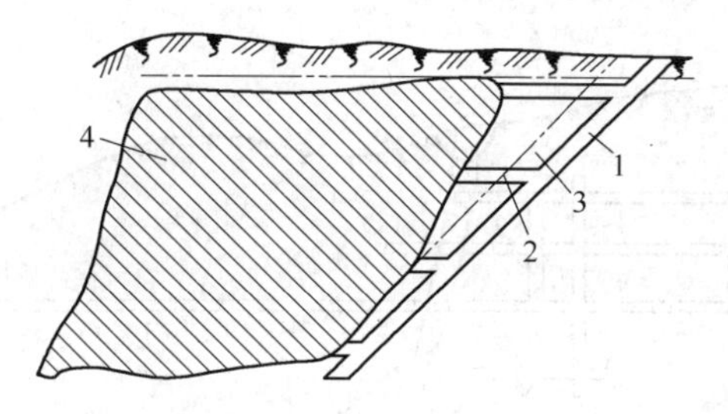

图 1-7 侧翼斜井开拓法

1—斜井；2—石门；3—矿体侧翼岩石移动角；4—矿体

面以上的矿体或部分矿体。平硐开拓法根据平硐与矿体的相对位置关系有穿脉平硐开拓法和沿脉平硐开拓法。采用哪种方法主要取决于外部运输及工业场地与矿体联系的方便程度。

A 穿脉平硐开拓法

主平硐与矿体垂直或斜交的平硐称为穿脉平硐。根据平硐进入矿体时所在的位置不同，穿脉平硐可分为下盘穿脉平硐和上盘穿脉平硐两类。

图 1-8 所示为下盘穿脉平硐开拓法。主平硐开掘在 598m 水平，阶段高度 40m，主平硐以上各阶段的矿石通过主溜井溜放至主平硐，由电机车牵引矿车运至选矿厂。主平硐与各阶段之间由辅助竖井连通，以解决人员、材料及设备的上下。

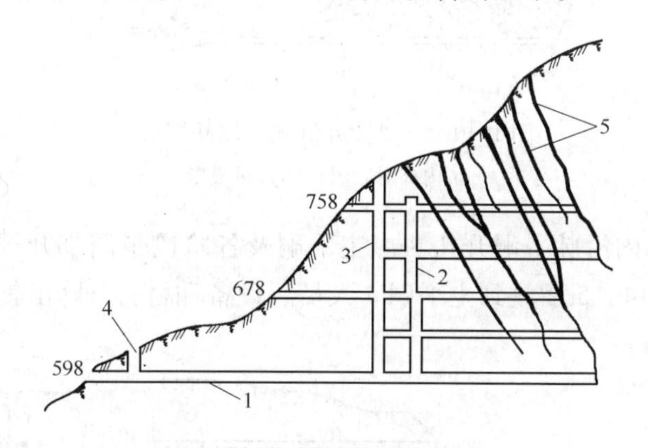

图 1-8 下盘穿脉平硐开拓法

1—主平硐；2—主溜井；3—辅助竖井；4—入风井；5—矿脉

图 1-9 所示为上盘穿脉平硐开拓法。主平硐从矿体上盘进入矿体，为使其不受下部矿体开采时岩层移动的影响，开采平硐下部的矿体时，需要留保安矿柱。

B 沿脉平硐开拓法

平硐开掘方向与矿体走向平行的平硐称为沿脉平硐。根据其所在位置可分为脉外沿脉平硐和脉内沿脉平硐两类。

图 1-10 所示为下盘脉外沿脉平硐开拓法。根据地形和工业场地的条件，采用沿脉平硐开拓工程量最小，因为沿脉平硐实质上就是阶段运输平巷。

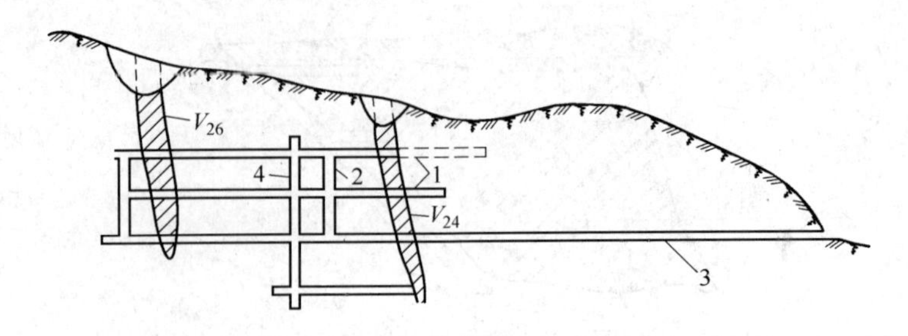

图 1-9 上盘穿脉平硐开拓法

1—阶段平巷；2—溜井；3—主平硐；4—辅助盲竖井

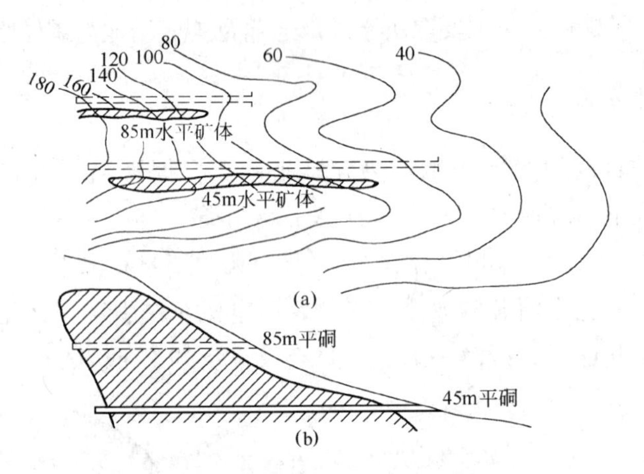

图 1-10 下盘脉外沿脉平硐开拓法

(a) 坑内外对照图；(b) 纵投影图

图 1-11 所示为脉内沿脉平硐开拓法。主平硐及各阶段平硐都开掘在矿体内。上阶段矿石分别通过溜井 3、4、5 溜放到主平硐。人员、设备和材料升降由辅助盲竖井担负。

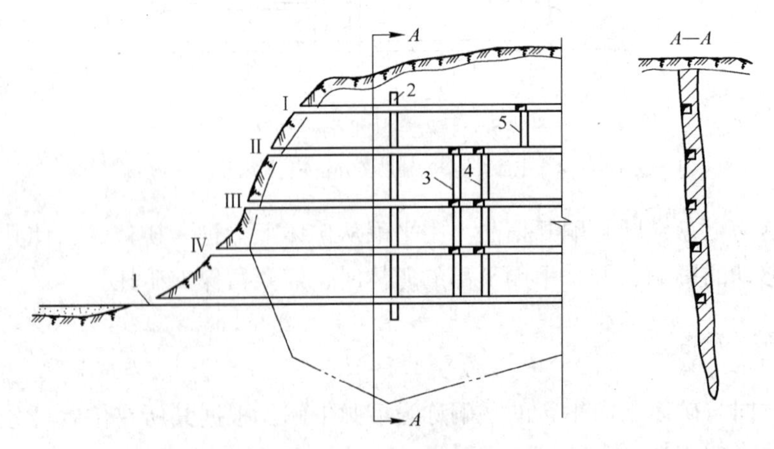

图 1-11 脉内沿脉平硐开拓法

Ⅰ～Ⅳ—上部阶段平硐

1—主平硐；2—辅助盲竖井；3，4—主溜井；5—溜井

1.1.2.5 斜坡道开拓法

斜坡道是一种行走无轨设备的倾斜巷道。用斜坡道作为主要开拓巷道的开拓方法称为斜坡道开拓法。斜坡道一般宽4~8m，高3~5m，坡度为10%~15%。使用大型设备时，斜坡道弯道半径大于20m；使用中小型设备时，斜坡道弯道半径大于10m。路面结构根据其服务年限可以是混凝土路面或碎石路面。斜坡道开拓适用于开采大型或特大型的矿体。斜坡道形式有螺旋式和折返式两种。

图1-12所示为螺旋式斜坡道开拓法，它的几何图形是圆柱螺旋线或圆锥螺旋线。其优点是开拓工程量小，但施工困难，行车时司机视距小，安全性差。图1-13所示为下盘沿走向折返式斜坡道开拓法，它是由直线段和曲线段（折返段）联合组成，直线段变换高程，曲线段变换方向。直线段坡度一般不大于15%，曲线段近似水平。其优缺点与螺旋式相反。

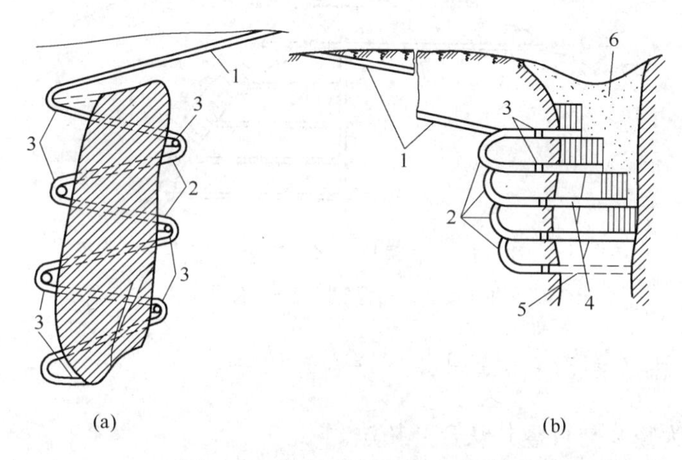

图1-12 螺旋式斜坡道开拓法

（a）环绕柱状矿体螺旋道开拓；（b）下盘螺旋道

1—斜坡道直线段；2—螺旋斜坡道；3—阶段石门；4—回采巷道；5—掘进中巷道；6—崩落覆岩

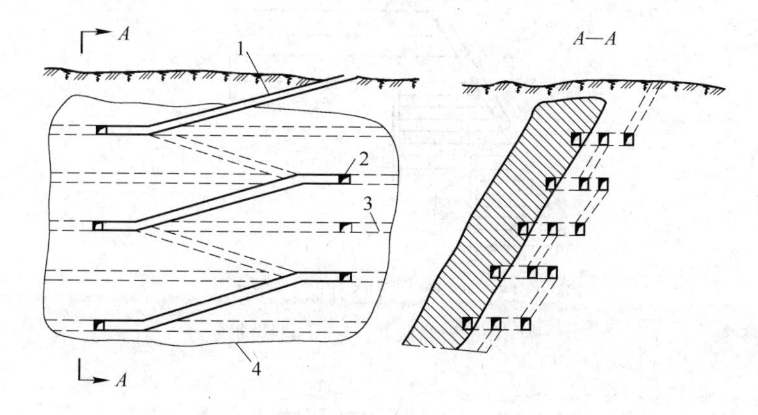

图1-13 折返式斜坡道开拓法

1—斜坡道；2—石门；3—阶段运输巷道；4—矿体沿走向投影

1.1.2.6 联合开拓法

采用两种或两种以上的主要开拓巷道联合开拓一个井田的方法称为联合开拓法。

联合开拓法根据井筒类型的不同可分为：平硐与盲井（盲竖井、盲斜井）联合开拓法、竖井与盲井（盲竖井、盲斜井）联合开拓法、斜井与盲井（盲竖井、盲斜井）联合开拓法。

A 平硐与盲井（盲竖井、盲斜井）联合开拓法

图 1-14 所示为一个地平面以上矿体采用平硐开拓，平硐以下矿体采用盲竖井或斜井开拓的平硐与盲井联合开拓法。

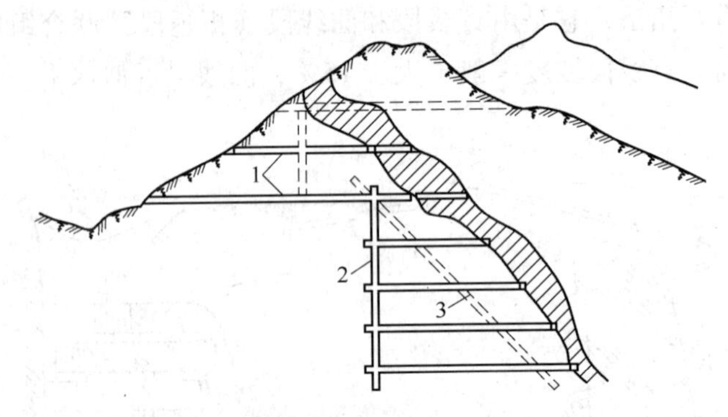

图 1-14 平硐与盲竖井联合开拓法

1—主平硐；2—盲竖井；3—盲斜井井位

B 竖井与盲井（盲竖井、盲斜井）联合开拓法

图 1-15 所示为竖井与盲竖井联合开拓法。

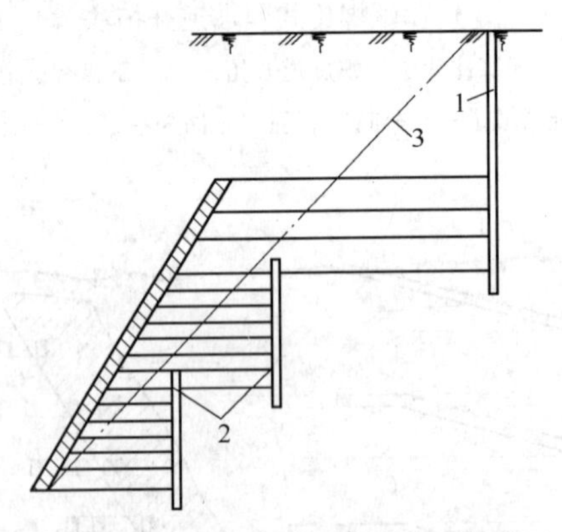

图 1-15 竖井与盲竖井联合开拓法

1—竖井；2—盲竖井；3—下盘移动线

C 斜井与盲井（盲竖井、盲斜井）联合开拓法

图 1-16 所示为某铁矿采用上盘斜井与盲斜井开拓急倾矿体的实例。

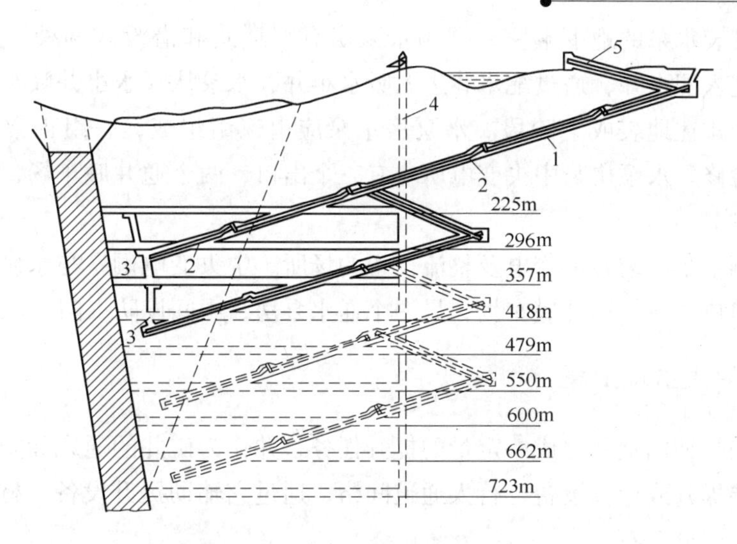

图1-16 斜井与盲斜井联合开拓法

1—斜井；2—皮带运输机；3—地下破碎装载机组硐室；4—辅助竖井；5—皮带走廊

1.1.3 采矿工程

1.1.3.1 供水排水工程

井下供水的用处有防尘用水（如凿岩用水、洒水润湿、冲洗巷道、洒水降尘、冲洗矿车等）和灭火用水（在各巷道内每隔50~100m安设接头）。

排水变电工程主要由水仓、吸水井、水泵房、变电所、排水斜巷、硐室门等工程组成。水仓多为巷道型，由两条组成。一条正常工作，一条备用清泥，每条均单独与吸水井相通。水仓由沉淀段和储水段组成。沉淀段也称为沉淀池，是专门用来沉淀泥沙的，内设有排泥装置；储水段与配水井相通完成储存和向配水井输送的任务，常用形式如图1-17所示。

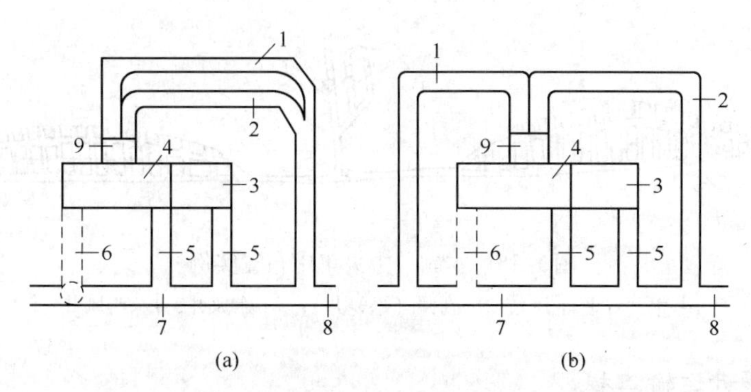

图1-17 水仓、水泵房平面布置示意图

（a）环抱式；（b）对称式

1—水仓；2—备用水仓；3—变电所；4—水泵房；5—通道；6—斜巷；

7—井底车场；8—石门；9—配水井

水泵房是安装水泵的地下硐室，常用水泵房有普通式和潜没式两种。多数应用普通式。水从水仓进入配水井，通过配水巷进入吸水小井，水泵从吸水小井吸水，通过排水斜巷进入排水井，排往地表或上阶段。水泵房水泵应由三组组成，一组正常排水，一组备用，另外一组检修。水泵房与中央变电所应有三个出口，两个通井底车场，一个由斜巷到达排水井（副井）。

中央变电硐室是安装井下变电及整流设备的场所。中央变电硐室与水泵房毗邻。变电硐室应有两个出口，一个通井底车场，另一个通水泵房，中间设防火门。

1.1.3.2 行人通风工程

副井的作用是辅助主井完成一定量的提升任务，并作为矿井的通风和安全通道。副井根据需要可安装提升或运输设备、行人通道间格，通过它辅助提升设备、材料和人员，或者提升废石和一部分矿石。

每个矿井都必须有进风井和出（回）风井。副井及用罐笼提升的主井均可作入风井，也可作回风井。箕斗主井一般不得作进风井用，但可作回风井用。由于用抽出式通风时，回风井要密闭，用压入式时进风井要密闭，而提矿主井及其井架、井口建筑密闭困难，因此，矿山一般设专用风井。风井的类型有竖井、斜井，也有平硐。一个坑口至少要有一个进风井（进风平硐）和一个回风井（回风平硐），如图1-18所示，副井进风，东西风井出风。

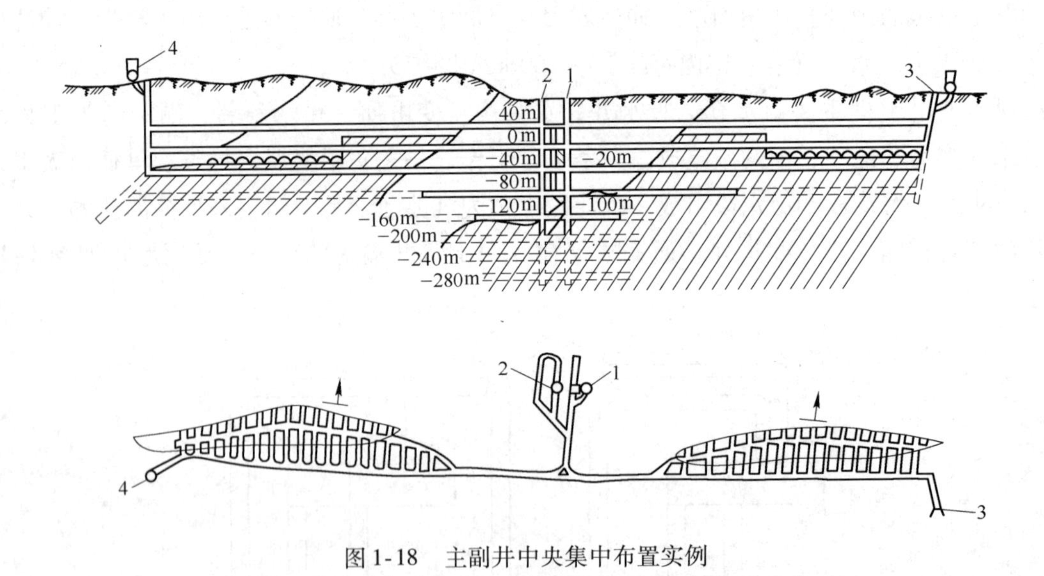

图1-18 主副井中央集中布置实例

1—主井（箕斗井）；2—副井（罐笼井）；3—东风井；4—西风井

1.1.3.3 提升运输工程

金属矿地下开采的提升运输包括井下运输及提升和地面运输。井下运输的任务是将矿石（废石）从中段运到井底车场，然后通过箕斗或罐笼提升到地表。井下运输工程有中段阶段运输巷道、石门、井底车场，提升工程有竖井、斜井、平硐及斜坡道。

A　中段运输工程

a　沿脉平巷布置

沿脉平巷布置就是运输巷道的行走方向与矿体的走向方向一致，如图 1-19 所示。

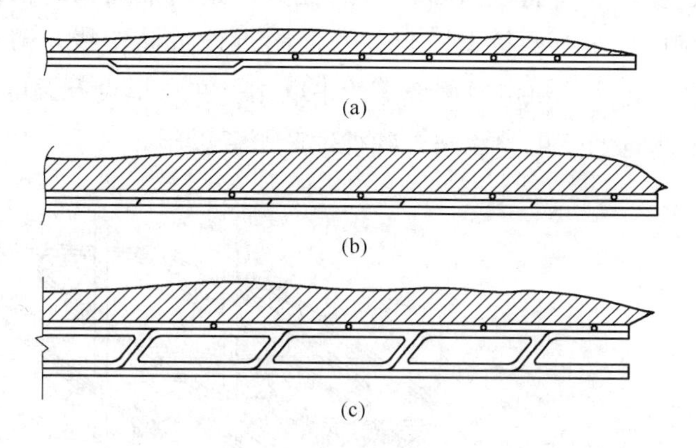

图 1-19　沿脉平巷布置
（a）单轨会让式；（b）双轨渡线式；（c）双沿脉加联络道

b　沿脉平巷加穿脉布置

沿脉平巷加穿脉布置如图 1-20 所示，它是在下盘布置脉外沿巷，再掘进若干穿脉通达矿体。

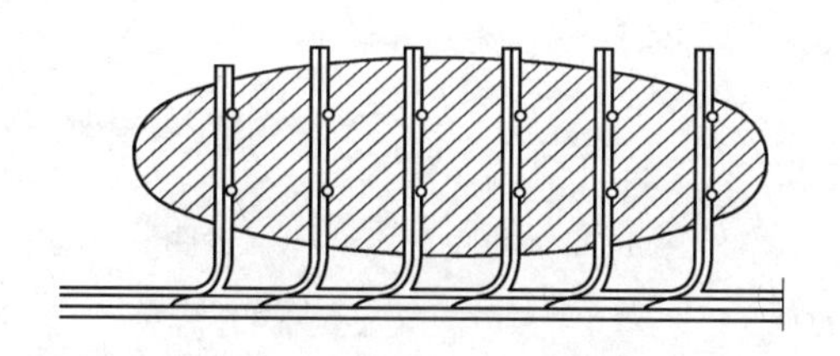

图 1-20　沿脉平巷加穿脉布置

c　上下盘沿脉巷道加穿脉布置

上下盘沿脉巷道加穿脉布置，即环形运输布置如图 1-21 所示，它是在上下盘布置脉外沿巷，再掘进若干穿脉联通。

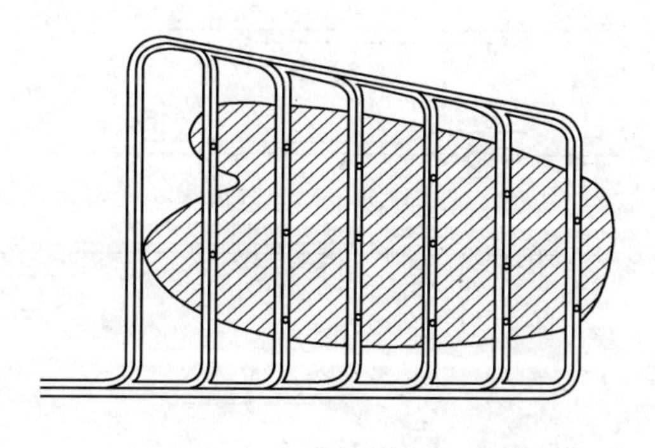

图 1-21　环形运输布置

B 井底车场

井底车场是完成平面运输到立面提升的一组平面开拓巷道，如图1-22所示。它担负着井下矿石、废石、设备、材料及人员的转运任务，是井下运输的枢纽。各种车辆的卸车、调车、编组均在这里进行。因此，要在井筒附近设置储车线、调车线和绕道等。同时，它又是阶段通风、排水、供电及服务等的中继站。在这里设有调度室、候罐室、翻车机操纵室、水泵房、水仓及变电整流站等各种生产服务设施。

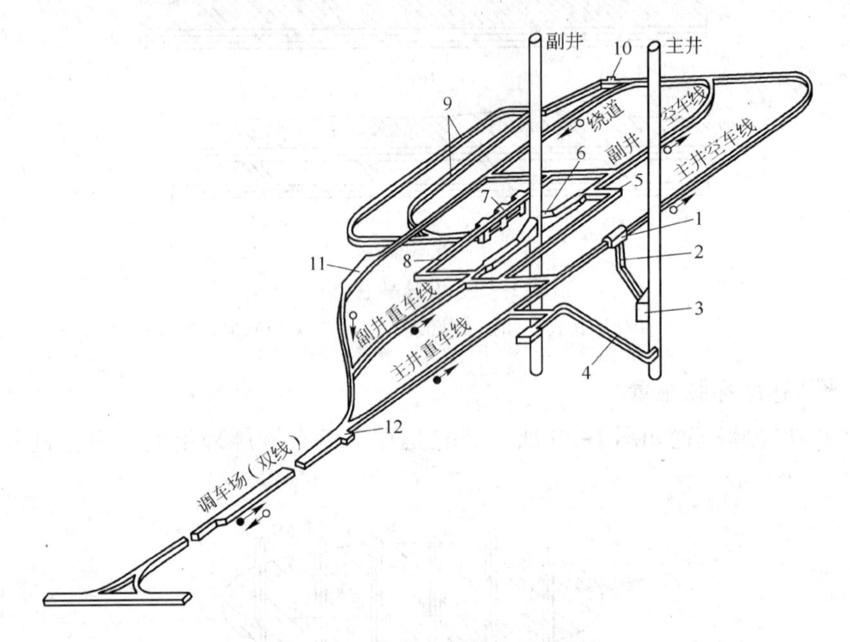

图1-22 井底车场结构示意图

1—卸矿硐室；2—矿石溜井；3—箕斗装载硐室；4—回收粉矿小斜井；5—候罐室；6—马头门；7—水泵房；8—变电整流站；9—水仓；10—清淤绞车硐室；11—机车修理硐室；12—调度室

井底车场根据形式有尽头式、折返式、环形式，如图1-23所示。

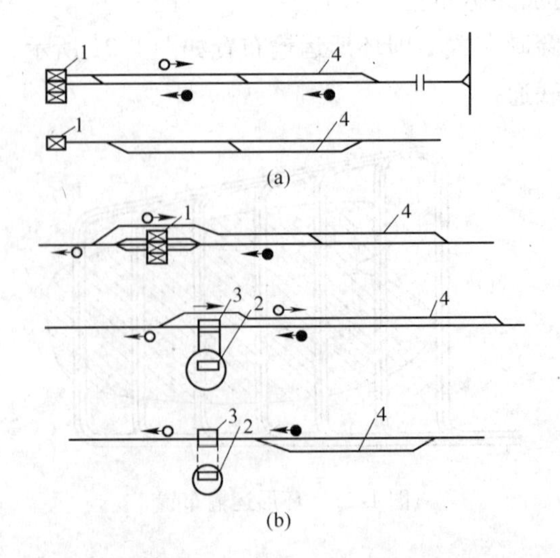

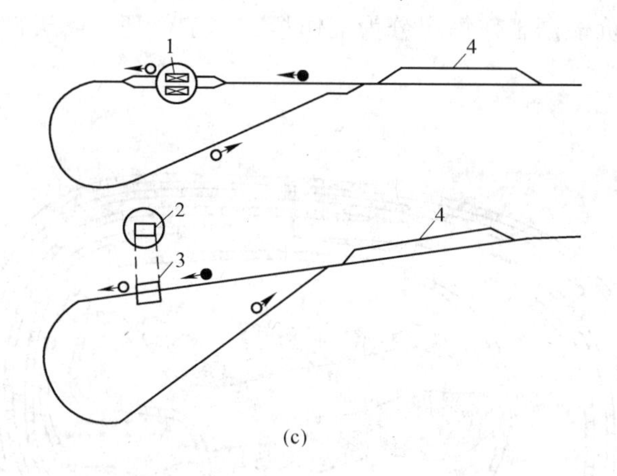

图1-23 井底车场形式示意图
(a) 尽头式；(b) 折返式；(c) 环形式
1—罐笼；2—箕斗；3—翻车机；4—调车线路

1.2 露天采矿基本知识

1.2.1 露天开采境界

露天采矿根据露天采坑的边界是否封闭分为山坡露天矿和深凹露天矿，如图1-24所示。

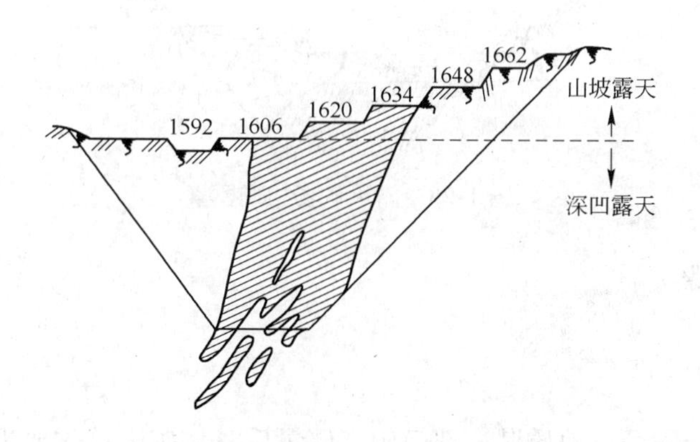

图1-24 山坡露天和深凹露天示意图

山坡露天矿：矿体赋存于地平面以上或部分赋存于地平面以上，露天采场没有形成封闭的矿坑。位于地平面以上部分的露天采场称为山坡露天矿。

深凹露天矿：露天采场位于地平面以下，形成封闭圈。位于封闭圈以下部分的露天采场称为深凹露天矿。

露天矿开采终了时，一般形成一个以一定的底平面、倾斜边帮为界的一个斗形矿坑，即露天坑，如图1-25所示。

露天开采境界由露天采矿场的底平面、露天矿边坡和开采深度三个要素组成，采坑由若干个台阶组成，台阶根据工作情况分为工作帮和非工作帮。露天矿场构成要素如图 1-26 所示。

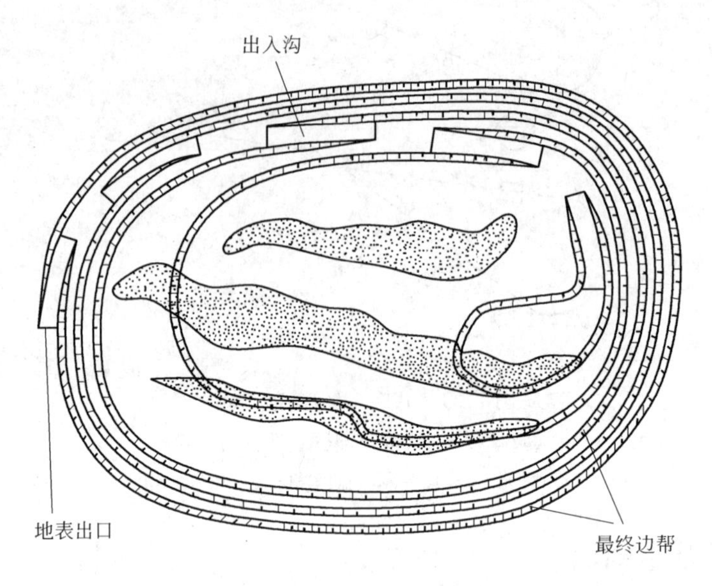

图 1-25　露天开采的露天坑

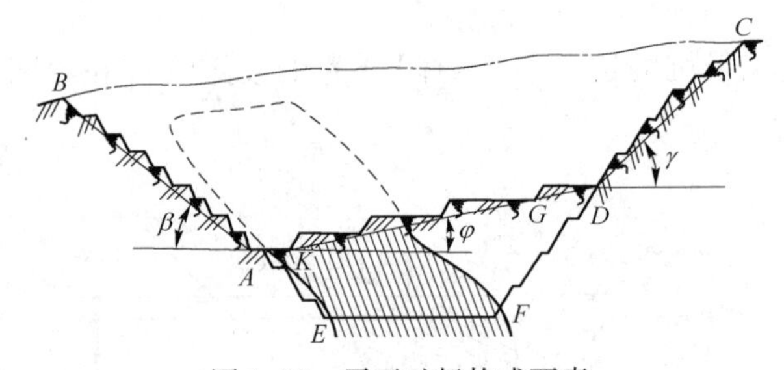

图 1-26　露天矿场构成要素

1.2.2　露天开采步骤

1.2.2.1　准备阶段

金属矿床露天开采经过地质勘探部门确定储量后，对矿床首先要进行开采的可行性研究，可行性研究要解决此矿床有没有利用价值，能否达到工业化开采要求。在可行性研究中，要涉及矿石的品位、储量、埋藏条件、矿石综合处理难易程度、市场需求状况、开采方法。经过初步的可行性研究，完全可行性论证报告，确定开采方法。

开采方法一般来说有 3 种：完全地下开采；完全露天开采；上部露天开采、下部地下开采。对后面两种情况都要进行露天开采的初步设计。

初步设计在必备的地质资料基础上要完成下列工作：确定露天开采境界，验证露天矿生产能力，确定露天开采的开拓方法，矿石废石的运输方法、线路布置，选择穿孔、爆破、采装、运输、排土等机械的类型、数量；布置地面工业场地，确定购地范围和时间，道路土建工程的数量、工期，计算人员及电力、水源和主要材料的用量；编制矿山基本建设进度计划，计算矿山总工程量、总投资等技术经济指标。

初步设计经投资方通过后，还要进行各项工程的施工设计，然后可以开采，开始基本建设，首先是地面场地的准备、矿床疏干排水、矿山基建。

1.2.2.2 基本建设阶段

首先必须排除开采范围内的建筑物、障碍物，砍伐树木，改道河流，疏干湖泊，拆迁房屋，处理文物，道路改线，对于地下水大的矿山，要预先排除开采范围内的地下水，处理地表水、修建水坝和挡水沟隔绝地表水，防止其流入露天采场。这些准备工作完成后要进行矿山的前期建设，电力建设包括输电线、变电所；工业场地建设包括机修车间、材料仓库、生活办公用房；生产建设包括选矿厂、排土场、矿石、废石、人员、材料的运输线路，生产辅助建设包括照明、通讯等。最后进行表土剥离，出入沟和开段沟准备新水平。随着工程的发展，矿山由基建期向投产期以至达产期发展。

1.2.2.3 正常生产阶段

露天矿正常生产是按一定生产程序和生产进程来完成的。在垂直延伸方向上是准备新水平过程，首先掘进出入沟，然后开挖开段沟。在水平方向上是由开段沟向两侧或一侧扩帮（剥离和采矿）。扩帮是按一定的生产方式完成的，其生产过程分为穿孔爆破、采装、运输、排土 4 个环节。穿孔爆破是采用大型潜孔钻机或牙轮钻机钻凿炮孔，爆破岩石，将矿岩从母岩上分离下来；采装是采用电铲挖掘机将矿岩装上运输工具，一般为汽车或火车；运输是采用汽车、火车或其他运输工具将矿石运往选矿厂，将废石运往排土场；排土是采用各种排土工具（电铲、推土机、推土犁）将排土场上的废石及表土按合理工艺排弃，以保持排土场持续均衡使用。

1.2.2.4 生态恢复阶段

随着矿山开采的终了，占地面积也达到了最大，为了保护环境，促进生态平衡，必须进行必要的生态恢复工作，如覆土造田、绿化裸露的场地、处理排土场渗水，确保露天采场的安全。

露天开采要遵循“采剥并举，剥离先行”的原则，要按生产能力和三级矿量保有的要求超前完成剥离工作，使矿山持续、稳定、均衡地生产，避免采剥失调、剥离欠量、掘沟落后、生产失衡的局面。

1.2.3 露天矿床开拓

1.2.3.1 开拓方式

开拓就是建立地面与露天采场内各工作水平以及各工作水平之间的矿岩运输通路。

开拓的任务是将采出的矿石运输到选矿厂，剥离的废石运往排土场，生产设备、工具、材料、人员从工业场地运到采场各工作地点。开拓的另一项重要任务是准备新水平，即开挖出入沟和开段沟。

露天矿床开采常用的运输设备有火车、汽车、胶带、箕斗、串车、溜井等。开拓方法按坑道类型分为直进式、折返式、回返式、螺旋式、直进-回返式、直进-折返式等。开拓方法按运输方式分为铁路运输开拓法、汽车运输开拓法、斜坡卷扬开拓法、平硐溜井开拓法等联合开拓法。

1.2.3.2 山坡露天矿铁路开拓

在金属矿山中，一开始就从深凹露天矿进行开采是少有的，基本上都是山坡露天矿开采，而后转为深凹露天矿开采。山坡露天矿的铁路干线是从地表向采矿场最高开采水平铺设，形成全矿的运输干线，然后自上而下开采，根据山坡情况分为孤立山峰（见图1-27）、丘陵地形（见图1-28）、连续山峰（见图1-29）。

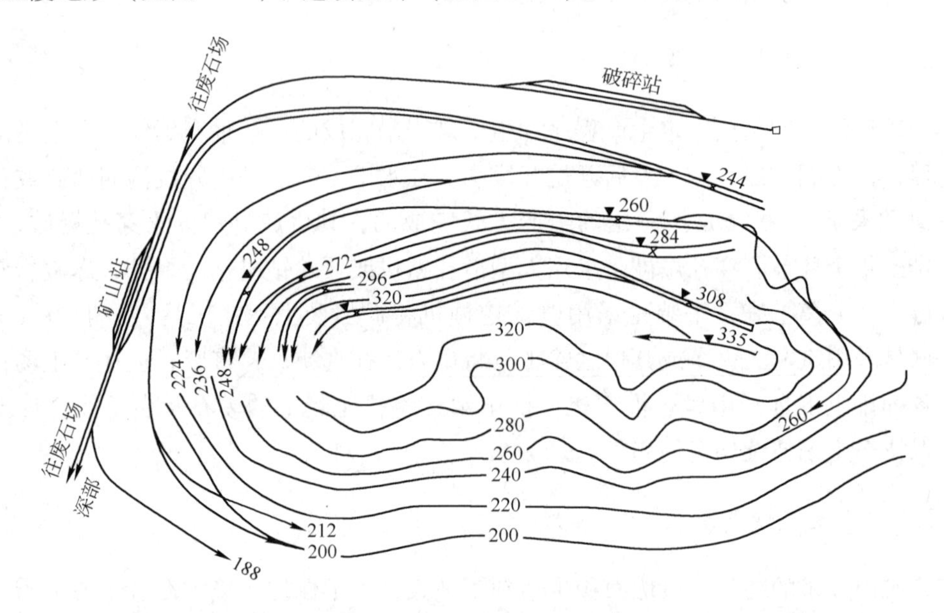

图1-27　某铁矿上部开拓系统示意图（孤立山峰）

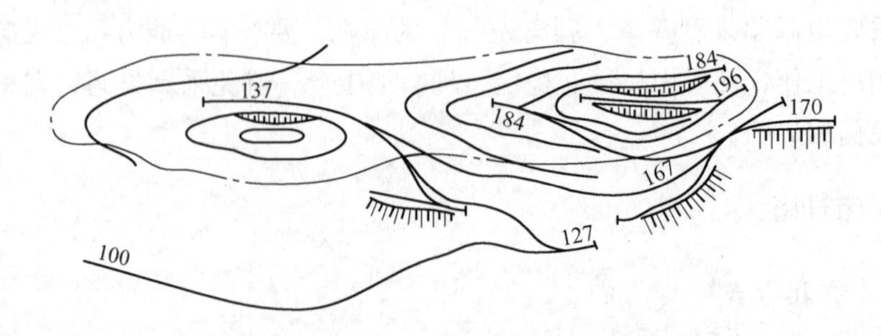

图1-28　某露天矿上部开拓系统示意图（丘陵地形）

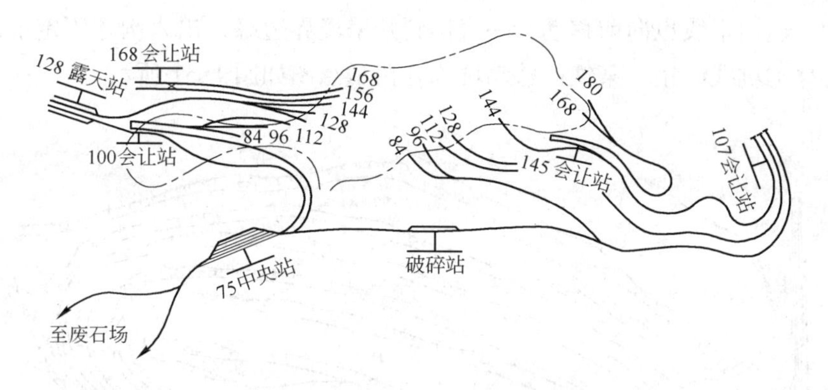

图 1-29 某露天矿上部开拓系统示意图（连续山峰）

1.2.3.3 深凹露天矿铁路开拓

随着露天开采的不断延深发展，山坡露天矿开采必然逐步转为深凹露天矿开采。深凹露天矿是从地表开始向下开采的。采用斜坡铁路开拓时，首先要从地表向深部开采第一个水平开掘露天沟道，以铺设铁路运输干线。以后随着矿山工程的发展，铁路干线再逐步延深加长。露天矿开采终了时，运输干线才全部形成。开拓坑线的位置随矿山工程的发展有固定和移动之分。

深凹露天矿的铁路干线一般都设置在露天矿边帮上，其布线方式因受露天矿平面尺寸的限制而常呈折返式。当折返坑线沿着露天开采境界内的最终边帮（非工作帮）设置时，则运输干线除向深部不断延深外，不做任何移动，因此称为固定坑线。某铁矿固定铁路折返干线开拓示意图如图 1-30 所示。

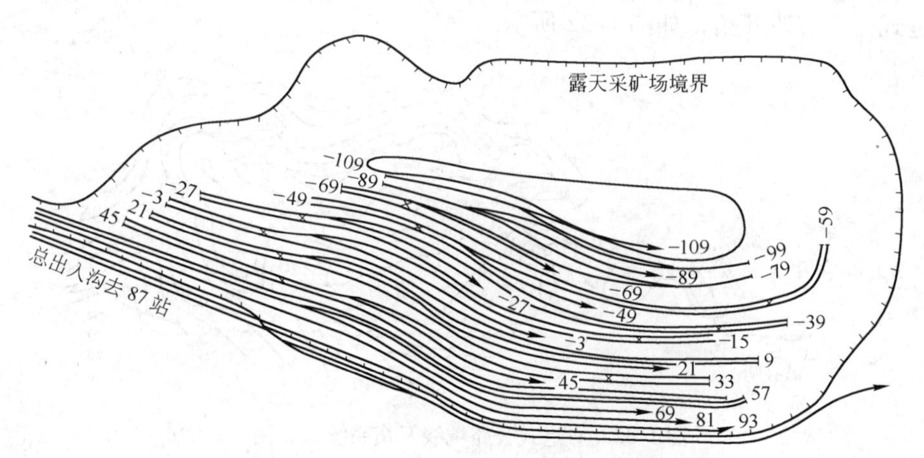

图 1-30 某铁矿固定铁路折返干线开拓示意图

前述固定坑线开拓时，是沿着露天矿最终开采境界掘进出入沟和开段沟。扩帮以后，出入沟内的运输干线就固定在矿场的边帮上。但是，在生产实践中，常因特殊的需要，出入沟不是从设计境界的最终位置上掘进，而是在采矿场内其他地点掘进。这时，掘完沟扩帮时，工作台阶上要保留出入沟，以保证上、下水平的运输联系。随着台阶的推进，出入沟向前移动，运输干线也向前移动，一直推到开采境界边缘，出入沟才固定下来。这种开拓方式称为移动坑线开拓。某铁矿移动坑线开拓示意图如图 1-31 所示。

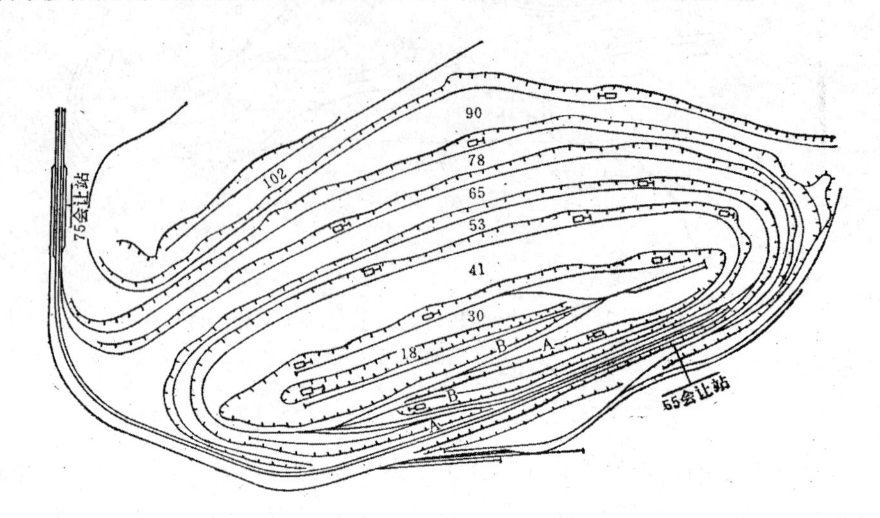

图 1-31 某铁矿移动坑线开拓示意图

1.2.3.4 公路（汽车）运输开拓

采用斜坡公路开拓时，开拓坑道的布置形式与斜坡铁路开拓类似，可分为直进、回返和螺旋 3 种基本形式，其中，以回返式（或直进-回返的联合形式）应用最广泛。

在用斜坡公路开拓山坡露天矿床时，如果矿区地形比较简单，高差不大，则可把运输干线布置在山坡的一侧，并使之不回弯便开拓全部矿体，运输干线在空间呈直线形，因此称为直进式公路坑线开拓，如图 1-32 所示。

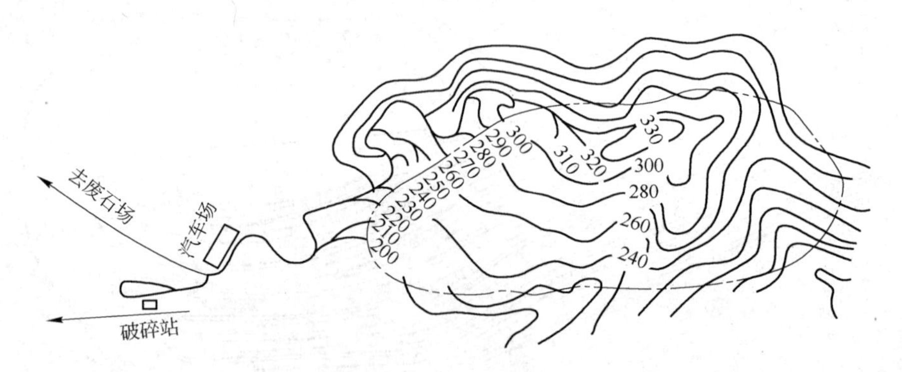

图 1-32 直进式公路坑线开拓系统示意图

当开采深度较大的深凹露天矿或比高较大的山坡露天矿时，为了使公路开拓坑线达到所要开采的深度或高度，需要使坑线改变方向布置，通常是每隔一个或几个水平回返一次，从而形成回返式坑线，如图 1-33 和图 1 – 34 所示。

当开采深凹露天矿时，为了避免采用困难的曲线半径，可使坑线从采矿场的一帮绕到另一帮，在空间呈螺旋状，因此称为螺旋坑线。这种坑线开拓的特点是坑线设在露天矿场的四周边帮上，汽车在坑线内直进运行，如图1-35所示。

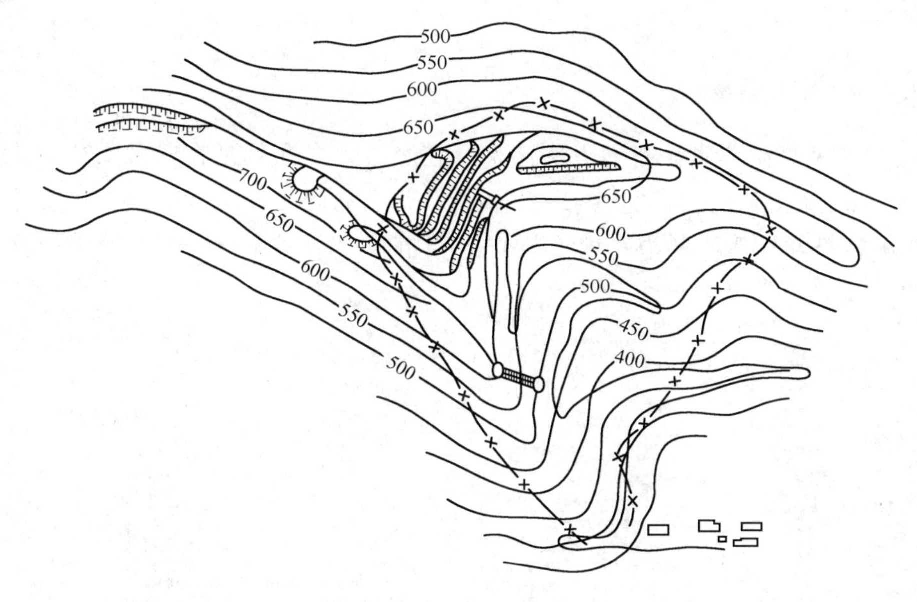

图1-33 山坡露天矿斜坡公路回返坑线开拓示意图

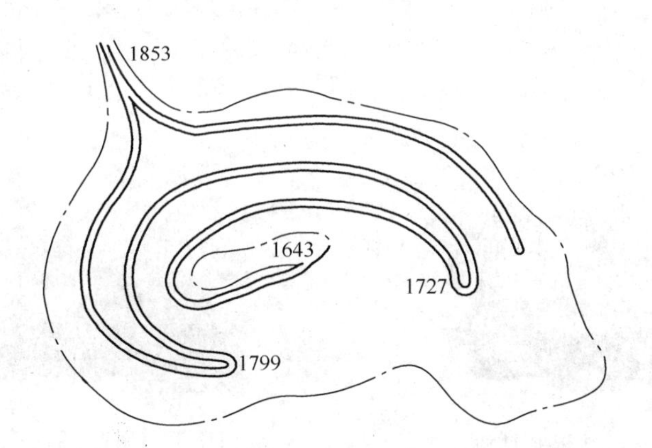

图1-34 深凹露天矿公路回返坑线开拓示意图

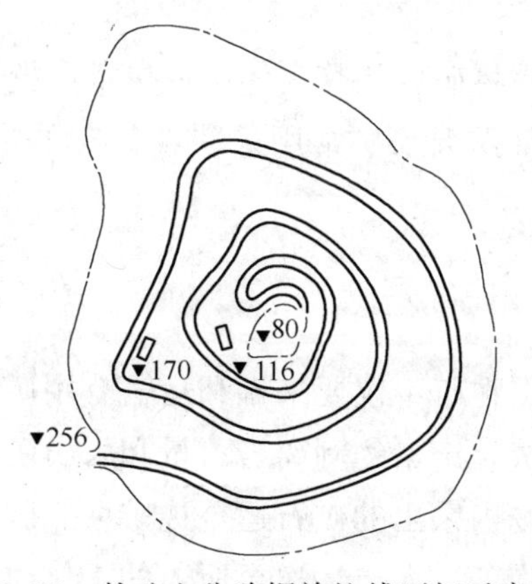

图1-35 某矿山公路螺旋坑线开拓示意图

1.2.4 露天开采工艺

1.2.4.1 穿孔爆破

目前，露天采矿分离矿石的方法还是穿孔爆破，穿孔就是在坚硬的矿岩上钻凿炮孔。露天采矿钻凿炮孔的设备主要是潜孔钻机（见图1-36）和牙轮钻机（见图1-37）。爆破就是在钻凿好的炮孔内填装炸药和雷管，利用炸药爆炸的威力将矿岩从母岩分离下来。

图1-36 露天采矿潜孔钻机

图1-37 露天采矿牙轮钻机

1.2.4.2 采装

采装工作是指用装载机械将矿岩从其实体中或爆堆中挖掘出来，并装入运输容器内或直接倒卸至一定地点的工作，露天采矿常用采装设备有单斗挖掘机（见图1-38）和液压挖掘机（见图1-39）。

1.2.4.3 运输

露天开采，其生产的特点在于不仅要采掘和运输有用矿物，而且要采掘和运输大量的废石。露天矿生产过程以完成一定量的剥离岩石量和采出矿石量为目的。露天矿运输工作所担负的任务，是将露天采场内采出的矿石运至选矿厂、破碎厂或储矿场，将剥离的废石运至排土场，以及把材料、设备、人员运送至所需的工作地点。

图 1-38 单斗挖掘机实物图

图 1-39 液压挖掘机实物图

露天采矿常用的运输方式有汽车运输和铁路运输。汽车一般使用电动轮自卸汽车（见图 1-40）；铁路采用电力机车牵引自翻轨道矿车（见图 1-41）。

图 1-40 电动轮自卸汽车

图 1-41 矿用电力机车及矿车

1.2.4.4 排弃岩土

露天采矿的一个重要特点就是必须剥离覆盖在矿体上部及其周围的岩石，并运至一定地点排弃，为此要设置专门的排土场地（见图 1-42）。排土工作的任务就是在排土场上，运用合理的工艺，排弃从露天矿场采出的废石和表土，以保证采矿作业持续均衡地进行。图 1-43 所示为汽车翻卸岩土，图 1-44 所示为推土机推土，图 1-45 所示为挖掘机排土。

图1-42 排土场

图1-43 汽车翻卸岩土

图1-44 推土机推土

图1-45 挖掘机排土

1.3 选矿厂

1.3.1 选矿厂的生产流程

选矿过程是由选前的准备作业、选别作业、选后的脱水作业所组成的连续生产过程。

1.3.1.1 选前的准备作业

为了从矿石中选出有用矿物，首先必须将矿石粉碎，使其中的有用矿物达到单体解离。有时为了达到后续作业对物料粒度的特殊要求，也需在中间加入一定的粉碎作业。选前的准备工作通常由破碎筛分作业和磨矿分级作业两个阶段进行。破碎机和筛分机多为联合作业，磨矿机与分级机常组成闭路循环。它们分别是组成破碎车间和磨矿车间的主要机械设备。

1.3.1.2 选别作业

选别作业是将已经单体解离的有用矿物，采用适当的手段，使有用矿物和脉石分离的工序。最常用的分选方法有：

(1) 浮游选矿法（简称浮选法）。浮选是根据矿物表面的润湿性的不同，添加适当药剂，在浮选机中分选矿物的方法。它应用广泛，可用来处理绝大多数矿石。

(2) 磁选法。磁选是根据矿物磁性的不同，在磁选机中进行分选的方法。它主要用来处理黑色金属矿石和稀有金属矿石。

(3) 重力选矿法（简称重选法）。重选是根据比重（或密度）不同的矿物在介质（水、空气或重介质）中运动速度和运动轨迹的不同达到分选的方法。它广泛用来选别钨、锡、金、铁、锰等矿石，其他有色金属、稀有金属和非金属矿石也常用重选法。重选是在各种类型的重选设备中进行的。

(4) 化学选矿法。化学选矿法是利用化学作用将矿石中有用成分提取出来的方法。它包括各种形式的焙烧、浸出；溶剂萃取；离子交换；沉淀、电沉积、离子浮选等。

另外，还有根据矿物的导电性、摩擦系数、颜色和光泽等不同而进行选矿的方法，如电选法、摩擦选矿法、光电选矿法和手选法等。

在选矿厂中，磨矿分级作业和选别作业通常构成磨选车间。

1.3.1.3 选后的脱水作业

绝大多数的选矿产品都含有大量的水分，这对于运输和冶炼加工都很不利。因此，在冶炼以前，需要脱除选矿产品中的水分。脱水作业常常按下面几个阶段进行：

(1) 浓缩。浓缩是在重力或离心力的作用下，使选矿产品中的固体颗粒发生沉淀，从而脱去部分水分的作业。浓缩通常在浓缩机中进行。

(2) 过滤。过滤是使矿浆通过透水而不透固体颗粒的间隔层，达到固液分离的作业。过滤是浓缩以后的进一步脱水作业，一般在过滤机上进行。

(3) 干燥。干燥是脱水过程的最后阶段。它是根据加热蒸发的原理减少产品中水分的作业。但只有在脱水后的精矿还需要进行干燥时才用。干燥作业一般在干燥机中进行，也有采用其他干燥装置的。

由浓缩、过滤、干燥等工序构成的辅助车间称为脱水车间。

矿石经过选矿后，可得到精矿、中矿和尾矿三种产品。分选所得有用矿物含量较高、适合于冶炼加工的最终产品，称为精矿。选别过程中得到的中间的、尚需进一步处理的产品，称为中矿。选别后，其中有用矿物含量很低、不需进一步处理（或技术经济上不适于进一步处理）的产品，称为尾矿。

1.3.2 选矿工艺

1.3.2.1 矿石的准备

矿石准备作业一般指选别前矿石的粉碎作业。通常包括破碎、筛分、磨矿、分级。有时，还可包含洗矿、预选等作业。它是将矿石通过破碎及磨矿等主要手段，使有用矿物单体解离，达到入选粒度要求的过程。在选别过程中，为满足下一个选别作业粒度的要求，还可在中间加入一定的粉碎作业。

破碎是利用坚硬的设备将矿石破碎成较小块度，选矿厂常用的破碎机有颚式破碎机（见图1-46）和旋回破碎机（见图1-47）。

图1-46 颚式破碎机

图1-47 旋回破碎机

筛分是利用筛子（单层或多层）将粒度范围较宽的混合物料按粒度分成若干个不同级别的过程。它主要与物料的粒度或体积有关，密度和形状的影响很小。常用的筛分设备是棒条筛（见图1-48）和振动筛（见图1-49）。

图1-48 棒条筛

图1-49 振动筛

磨矿是矿石破碎工作的继续，是将矿石磨碎为更小的粒度，常用的磨矿设备是球磨机（见图1-50）。

分级是根据矿石粒度、形状、密度矿粒群在水中沉降速度的不同进行分级，常用设备是分级机（见图1-51）。

1.3.2.2 选别作业

A 重选

不同粒度和密度矿粒组成的物料在流动介质中运动时，由于它们性质的差异和介质流

图 1-50 球磨机

图 1-51 分级机

动方式的不同，其运动状态也不同。在真空中，不同性质的物体具有相同的沉降速度；在分选介质（水、空气、重介质等）中，由于它们受到不同的介质阻力，才形成运动状态的差异。

重选就是根据矿粒间密度的差异，因而在运动介质中所受重力、流体动力和其他机械力的不同，从而实现按密度分选矿粒群的过程。

重选法按其原理可分为分级、洗矿、跳汰选矿、摇床选矿、溜槽选矿和重介质选矿。其中，分级和洗矿类主要是按粒度分选的过程，后四类主要是按密度分选的过程。

重选法处理量大，简单可靠，经济有效。它广泛用于稀有金属（钨、锡、钛、锆、铌、钽等）、贵金属（金、铂等）、黑色金属（铁、锰等）矿石和煤炭的选别，也用于有色金属（铅、锌等）矿石的预选作业及非金属（石棉、金刚石等）矿石的加工。它可处理小至0.01mm 的钨、锡矿泥，也可处理大至200mm 的煤炭。常用的重选设备有摇床（见图 1-52）和跳汰机（见图 1-53）。

图 1-52 摇床

图 1-53 跳汰机

B 浮选

浮选即泡沫浮选，它是依据各种矿物的表面性质的差异，从矿浆中借助于气泡的浮力分选矿物的过程。一定浓度的矿浆中加入各种浮选药剂，在浮选机内经搅拌与充气产生大量的弥散气泡，于是，呈悬浮状态的矿粒与气泡碰撞，一部分可浮性好的矿粒附着在气泡上，上浮至矿液面形成泡沫产品，通常为精矿；不浮矿物留在矿浆内，通常为尾矿。这样就达到分选的目的。图 1- 54 所示为浮选常用设备浮选槽。

图 1-54 浮选槽

C 磁选

磁选是利用各种矿物的磁性差别，在不均匀磁场中实现分选的一种选矿方法。磁选被广泛用于黑色金属矿石的选别、有色和稀有金属矿石的精选，以及一些非金属矿石的分选。随着高梯度磁选、磁流体选矿、超导强磁选等的发展，磁选的应用已扩大到化工、医药、环保等领域中。图 1- 55 所示为磁选常用设备磁选机。

图 1-55 磁选机

D 化学选矿

化学选矿是基于物料组分的化学性质的差异，利用化学方法改变物料性质组成，然后用其他的方法使目的组分富集的资源加工工艺，它包括化学浸出与化学分离两个主要过程。

化学浸出主要是依据物料在化学性质上的差异，利用酸、碱、盐等浸出剂选择性地溶解有用组分与其他成分。

化学分离则主要是依据化学浸出液中的物料在化学性质上的差异，利用物质在两相之间的转移来实现物料分离的方法，如沉淀和共沉淀、溶剂萃取、离子交换、色谱法、电泳、膜分离、电化学分离、泡沫浮选、选择性溶解等。

1.3.2.3 精矿及尾矿处理

A 精矿处理

精矿还需要经过脱水、沉淀浓缩、过滤、干燥处理。

脱水是指固体物料与水分离，以降低湿物料中水分含量的作业。

矿浆中的固体颗粒在重力作用下向容器底部沉淀，清水则被挤向上方，使较稀的矿浆分出澄清液和浓矿浆的过程，这称为沉淀浓缩。使用的浓缩设备是浓缩机，如图 1-56 所示。

图 1-56 浓缩机

过滤是指矿浆在多孔的过滤介质（如滤布）上进行固相与液相分离的过程。过滤的任务就是要脱去物料中大部分毛细水分。这必须借助于一定的外力作用，常用过滤设备是圆筒过滤机，如图 1-57 所示。

干燥是利用热能蒸发固体物料中的水分，除去残留在物料中的毛细水分、薄膜水分及部分吸湿水分。这是一种最彻底的脱水方法。常用干燥设备是干燥机，如图 1- 58 所示 。

B 尾矿处理

矿石经过选别之后，将有大量尾矿产生。其中，常还含有目前技术水平暂不能回收的有用成分。浮选厂尾矿中含有大量药剂，有些甚至是剧毒物质。为了综合利用国家资源及消除对环境的污染，必须采取有效措施对尾矿进行处理。选矿厂的尾矿处理设施一般包括尾矿储存系统、尾矿输送系统、回水系统及尾矿净化系统。

图 1-57　圆筒过滤机

图 1-58　干燥机

尾矿库是储存、沉淀尾矿的场所，尾矿库有河谷型、河滩型、坡地型、平地型。图 1-59 所示为常见的尾矿库。

尾矿一般采用水力输送。常见的尾矿输送方式有自流输送、压力输送和联合输送 3 种。图 1-60 所示为尾矿传输。

图 1-59　尾矿库

图 1-60　尾矿传输

尾矿水的净化方式取决于有害物质的成分、数量，排入水系的类别，以及对回水水质的要求，一般采用方法有：

（1）自然沉淀——利用尾矿沉淀池（或其他形式沉淀池）将尾矿液中的尾矿颗粒沉淀除去。

（2）物理化学净化——利用吸附材料将某种有害物质吸附除去。

（3）化学净化——加入适量的化学药剂，促使有害物质转化为无害物质。

尾矿废水需循环再用，并尽量提高废水循环的比例，以达到闭路循环为目标。尾矿废水经净化处理后回水再用，既可以解决水源问题，减少动力消耗，又解决了对环境的污染问题。

2 采矿方法与环境保护

2.1 地下采矿与环境保护

2.1.1 空场法、崩落法与环境保护

2.1.1.1 空场法、崩落法生产工艺

A 空场采矿法生产工艺

在矿房开采过程中不用人工支撑，充分利用矿石与围岩的自然支撑力，将矿石与围岩的暴露面积和暴露时间控制在其稳固程度所允许的安全范围内的采矿方法，总称为空场采矿法。

空场采矿法的采矿方式是将矿块划分为矿房与矿柱，如图 2-1 所示，先回采矿房，后回采矿柱。开采矿房时用矿柱及围岩的自然支撑力进行地压管理，支撑周围的围岩，开采空间始终保持敞空状态。

矿柱视矿岩稳固程度、工艺需要与矿石价值可以回采，也可以作为永久矿柱。在矿柱回采之前或回采之时，应对矿房空区进行必要的处理。采空区处理的目的是，缓和岩体应力集中程度，转移应力集中的部位，或使围岩中的应变能得到释放，改善其应力分布状态，控制地压，保证矿山安全持续生产。

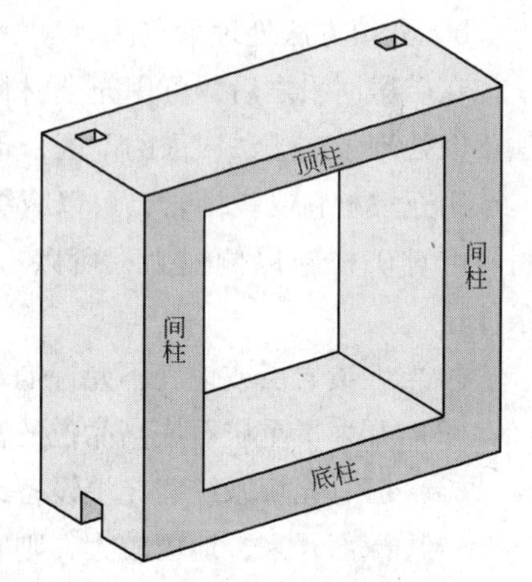

图 2-1 矿房与矿柱的划分

采空区处理有崩落围岩、充填空区和封闭空区 3 种方法。

a 崩落围岩处理采空区

崩落围岩处理采空区的目的，是使围岩中的应变能得到释放，减小应力集中程度。用崩落岩石充填采空区，在生产地区上部形成岩石保护垫层，以防上部围岩突然大量冒落时，冲击气浪和机械冲击对采准巷道、采掘设备和人员造成危害。

崩落围岩又分为自然崩落和强制崩落两种。矿房采完后，矿柱是应力集中的部位。按设计回采矿柱后，围岩中应力重新分布，某部位的应力超过其极限强度时，即发生自然崩落。从理论上讲，任何一种岩石，当它达到极限暴露面时，应能自然崩落。但由于岩体并

非理想的弹性体，往往在远未达到极限暴露面积以前，因为地质构造原因，围岩某部位就可能发生破坏。

当矿柱崩落后，围岩跟随崩落或逐渐崩落，并能形成所需要的岩层厚度，这是最理想的条件。如果围岩不能很快自然崩落，或者需要将其暴露面积逐渐扩大才能崩落，为保证回采工作安全，则必须在矿房中暂时保留一定厚度的崩落矿石。当暴露面积扩大后，围岩长时间仍不能自然崩落，则需改为强制崩落围岩。

一般来说，围岩无构造破坏、整体性好、非常稳固时，需在其中布置工程，进行强制崩落，处理采空区。爆破的部位根据矿体的厚度和倾角确定：缓倾斜和中厚以下的急倾斜矿体，一般崩落上盘岩石；急倾斜厚矿体，崩落覆岩；倾斜的厚矿体，崩落覆岩和上盘；急倾斜矿脉群，崩落夹壁岩层；露天坑下部空区，可崩落边坡。

崩落岩石的厚度一般应满足缓冲保护垫层的需要，其厚度达 15 ~20m 时为宜。对于缓倾斜薄和中厚矿体，可以间隔一个阶段放顶，形成崩落岩石的隔离带，以减少放顶工程量。

崩落围岩方法一般采用深孔爆破或药室爆破（极坚硬岩石，崩落露天坑边坡）。崩落围岩的工程包括巷道、天井、硐室及钻孔等，要在矿房回采的同时完成，以保证工作安全。

在崩落围岩时，为减弱冲击气浪的危害，对于离地表较近的空区，或已与地表相通的相邻空区，应提前与地表或与上述空区崩透，形成“天窗”。强制放顶工作一般与矿柱回采同段进行，且要求矿柱超前爆破。如不回采矿柱，则必须崩塌所有支撑矿（岩）柱，以保证较好强制崩落围岩的效果。

b　充填方法处理采空区

在矿房回采之后，可用充填材料（废石、尾砂等）将矿房充满，再回采矿柱。这种方法不但处理了空场法回采的空区，也为回采矿柱创造了良好的条件，可提高矿石回采率。

用充填材料支撑围岩，可以减缓或阻止围岩的变形，以保持其相对的稳定。因为充填材料可对矿柱施以侧向力，所以有助于提高其强度。充填法处理采空区，应用于下列条件：

（1）上覆岩层或地表不允许崩落；

（2）开采贵重矿石或高品位的富矿，要求提高矿柱的回采率；

（3）已有充填系统、充填设备或现成的充填材料可以利用；

（4）深部开采，地压较大，则有足够强度的充填体，可以缓和相邻未采矿柱的应力集中程度。

c　封闭法处理采空区

充填采空区与充填采矿法在充填工艺上有不同的要求。它不是随采随充，而是矿房采完后一次充填。因此，充填效率高。在充填前，要对一切通向空区的巷道或出口，进行坚固地密闭。如用水力充填时，应设滤水构筑物或溢流脱水。干式充填时，上部充不满，充填所产生的冲击气浪遇到隔墙时能得到缓冲。

这种方法适用于空区体积不大且离主要生产区较远、空区下部不再进行回采工作的情况。对于处理较大的空区，封闭法只是一种辅助的方法，如处理密闭与运输巷道相通的矿石溜井、人行天井等。封闭法处理采空区，上部覆岩应允许崩落，否则不能采用。

空场采矿法包括留矿采矿法、房柱采矿法、全面采矿法、分段矿房法、阶段矿房法。

B 崩落采矿法生产工艺

崩落采矿法是一种国内外广泛应用的、高效率的、能够适应多种矿山地质条件的采矿方法。崩落采矿法控制采场地压和处理采空区的方法是随着回采工作的进行，有计划、有步骤地崩落矿体顶板围岩或下放上部的覆盖岩石。落矿工作通常采用凿岩爆破方法，此外还可以直接用机械挖掘或利用矿石自身的崩落性能进行落矿。崩落采矿法的矿块回采不再分为矿房与矿柱，因此，属于单步骤回采的采矿方法。由于采空区围岩的崩落将会引起地表塌陷、沉降，因此，地表允许陷落成为使用这类方法的基本前提之一，当然这也对环境造成极大破坏。

根据采场回采时的特点和采场结构布置的不同，崩落采矿方法包括单层崩落采矿法、分层崩落采矿法、有底柱分段崩落采矿法、有底柱阶段崩落采矿法、无底柱分段崩落采矿法。

2.1.1.2 空场法、崩落法的环境危害

空场法、崩落法采矿对环境造成的危害有：

（1）水位下降。地下采矿需要疏干地下水，需要将地下水和生产用水排往地表，使地下水位大幅度下降，降落漏斗半径可达几十公里。这造成地下水的严重浪费，改变了原有的水文地质条件，由稳态转为非稳态，造成地面不均匀沉降，使地面发生塌陷及裂缝，迫使大气降水直接与地下水混合，使地下水遭到污染，不能直接饮用。水位下降，还造成房屋、道路开裂，农田无法耕种。

（2）地表塌陷。采矿工业在索取资源的同时，因开采而在地下形成大量采空区，即矿石被回采后遗留在地下的回采空间。用崩落采矿法回采时，在覆盖岩石下出矿，回采空间需要崩落上部矿岩进行填充，造成地表塌陷。采用空场采矿法回采时，出矿后留下采空区。采空区的存在使岩体中的应力重新分布，在空区的周边产生应力集中形成地压，使空区顶板、围岩和矿柱发生变形、破坏和移动，产生顶板冒落，或者强制崩落上部围岩填充采空区，造成地表塌陷。无论是崩落采空区顶板，还是采空区失稳塌陷，都会造成地表和植被遭受破坏。矿山开采诱发的地面崩塌、滑坡、塌陷等地质灾害已十分普遍。

（3）排放废料。目前的采矿工业体系实际上是一个开采资源和排放废料的过程。矿业开发活动是向环境排放废弃物的主要来源，我国在矿产资源开发利用过程中产生的尾砂、废石、煤矸石、粉煤灰和冶炼渣已成为排放量最大的工业固体废弃物，占全国工业固体废弃物排放总量的85%。可见，现在的采矿工业模式显著增加了地球环境的负荷，不能满足可持续发展原则。

（4）安全隐患。矿床开采留下的采空区、排放的废石场和构筑的尾砂库带来严重的安全隐患。如采空区可产生或诱发矿区塌陷、崩塌、滑坡、地震、矿井突水、顶板冒落等地质灾害，废石场引发泥石流以及尾砂库溃坝等灾害事故时有发生，这严重威胁矿山正常生产和矿区人民的生命财产安全，而且会带来大量人员伤亡和经济损失。

（5）自然景观破坏，地质灾害严重。通常，矿产开发区在开采之前都是森林、草地或植被覆盖的山体，一旦开采后，植被消失，山体破坏，尾矿、废石堆置占用大量土地，严重破坏自然景观。与此同时，随着地下矿产开发的推进，还可能不断出现矿井突水、冒顶及地面塌陷、滑坡、泥石流等事故。遇到干旱多风季节，由尾砂库引发的沙尘暴也造成严重的地质灾害。

（6）下游水质污染，毒害水栖生物和危及人畜用水安全。由于矿床开采过程中受污染水的任意排放，以及堆置固体废物受雨水的淋溶作用，重金属与有机化合物等有害物质随雨水渗入到矿区水系，污染下游水域；此外，由于矿床开采造成地下水的枯竭，以及矿坑水蓄水池的建立，都可能使水的渗透速度与方向发生根本变化，使下游水质受到污染，以致破坏水域生态环境，威胁人类健康。

2.1.1.3 空场法、崩落法环境保护措施

空场法、崩落法采矿可采取的环境保护措施为：

（1）生态型开采模式。按照工业生态学的基本观点，工业生态型开采模式可描述为：以采矿活动为中心，将矿区资源利用、人文环境、生态环境和经济因素相互联系起来，构成一个有机的工业系统；在采矿过程中，以最小的排放量和对地表生态的破坏量为代价，获取最大的资源量和企业经济效益；在采矿活动结束后，通过最小的末端治理使矿山工程与生态环境融为一个整体。

（2）采用充填采矿法开采。近年来，按照工业生态型开采模式，并结合矿床开采工艺控制和消除危害源理论；通过采用保护性充填采矿工艺与技术最大限度地回采矿产资源，并保护地表不塌陷破坏；通过低成本大量利用废石与尾砂（赤泥）的矿山充填技术，在开采过程中实现固体废料少排放或零排放，实现走生态型开采、循环经济、可持续发展的道路。

（3）科学采矿，加强环境保护。矿业开发模式从粗放式经营向集约化经营转变，发展现代装备技术，实行科学采矿、安全生产，减少资源浪费；坚持以人为本，促进矿产资源开发利用与生态建设和环境保护协调发展。

（4）采用循环经济模式。循环经济把经济发展建立在自然生态规律的基础上，在利用物质和能量的过程中，向自然界索取的资源最小化，向社会提供的效用最大化，向生态环境排放的废弃物趋零化，做到生态、经济、社会效益的协调统一，使生态效益、经济效益、社会效益达到协调统一。生产全过程以污染控制为核心，把环境保护策略应用于产品的设计、生产和服务中，通过改善采矿工艺流程，尽可能不产生有害的中间产物，同时实现废物（或排放物）的内部循环，以达到污染最小化及节约资源的目的。

2.1.2 充填采矿法与环境保护

2.1.2.1 充填采矿法生产工艺

随回采工作面的推进，逐步用充填料充填采空区的采矿方法，称为充填采矿法。充填工序是回采工序的一环。矿柱用充填体代替，矿石损失、贫化较低，在开采贵金属、稀有金属、有色金属富矿等矿山中得到了较为广泛的应用。

充填采矿法包括单层充填采矿法、上向分层充填采矿法、下向分层充填采矿法、下向进路充填采矿法 。

充填采矿法的充填技术从充填料输送和充填体在采空区的存在状态上划分上为干式充填法、水力充填法和胶结充填法。充填料的形态不同，采用的输送方式也不同。充填采矿法整个充填系统可以分为充填材料的制备、充填材料的输送、采场充填 3 个环节。充填材料分为充填料、胶凝剂、改性材料。充填料主要有三大来源：露天采石或砂石、露天开采排弃废石、尾矿。

（1）干式充填。干式充填是将采集的块石、砂石、土壤、工业废渣等惰性材料，按规定的粒度组成，对所提供的物料经破碎、筛分和混合形成的干式充填材料，用人力、重力或机械设备运送到待充填区，形成可压缩的松散充填体。

（2）水力充填。水力充填是以水为输送介质，利用自然压头或泵压，从制备站沿管道或与管道相连接的钻孔，将山砂、河砂、破碎砂、尾砂或水淬炉渣等水力充填材料输送和充填到采空区。充填时，使充填体脱水，并通过排水设施将水排出。水力充填的基本设备（施）包括分级脱泥设备、砂仓、砂浆制备设施、输送管道、采场脱水设施以及井下排水和排泥设施。管道水力输送和充填管道是水力充填最重要的工艺和设施。砂浆在管道中流动的阻力，靠砂浆柱自然压头或砂浆泵产生管道输送压力去克服。

（3）胶结充填。胶结充填是将采集和加工的细砂等惰性材料掺入适量的胶凝材料，加水混合搅拌制备或胶结充填料浆，沿钻孔、管、槽等向采空区输送和堆放浆体，然后使浆体在采空区中脱去多余的水（或不脱水），形成具有一定强度和整体性的充填体；或者将采集和加工好的砾石、块石等惰性材料，按照配比掺入适量的胶凝材料和细粒级（或不加细粒级）惰性材料，加水混合形成低强度混凝土；或将地面制备成的水泥砂浆或净浆，与砾石、块石等分别送入井下，将砾石、块石等惰性材料先放入采空区，然后采用压注、自淋、喷洒等方式，将砂浆或净浆包裹在砾石、块石等的表面，胶结形成具有自立性和较高强度的充填体。

2.1.2.2 地下充填采矿的危害

任何采矿方法都有其局限性，充填法虽然能克服空场和崩落法的某些不足，但也不能完全解决采矿的环境危害。地下充填采矿仍会产生如下危害：

（1）地下、地表水环境的破坏。采矿就会疏干矿床，抽取地下水，形成的疏干漏斗使地下水位下降、井泉减少，甚至地面沉降、库底渗漏、岩溶塌陷，也会使地下水与地面水渗透，使地下水遭到污染。地面堆积排弃物废石及尾矿占用农田、草原，经雨水淋滤、风吹形成二次污染，可将有毒有害物质携带进入地表及空气，污染地下水源及周围环境，造成土壤污染、植被损坏、土壤荒漠化。

（2）污染大气环境。采矿过程中井下排出污风，车辆排放尾气，废石堆、尾矿库风化形成的粉尘在风吹作用下形成尘暴，破坏区域大气环境质量，影响周边植被，危害人及动物身体健康。堆放的尾矿、废石堆如有放射性，也会对人及动物造成损害。

（3）占用土地，损害植被。虽然地下开采，但在地表仍需布置采矿选矿工业场地，修筑道路。矿山开采不同程度地占用大量农田或草原，会使地面植被严重破坏。充填采矿法有时需要开采砂石作为充填材料，需要破坏山体植被，揭露岩体。开采还会产生粉尘及噪声。

（4）地质灾害。采矿由于开挖井巷，改变了稳定的地质条件，使地质结构、岩体构造遭到破坏，引发地面沉降、地面道路房屋开裂、发生滑坡泥石流，使地上、地下的生态系统出现紊乱，破坏生态平衡。

（5）充填隐患。充填采矿法的显著特色是需要充填大量充填料，充填要求这些充填料及其添加剂不能有有用成分，不能有有毒有害成分，物理化学性质要稳定。一旦出现意外，会浪费国家矿产资源、污染地下水、充填体不能发挥充填功效。

2.1.2.3 充填法采矿的生态功能

常规的矿山充填只是作为采矿工艺或空区处理的一个工序，主要从经济目标或技术目标出发。事实上，矿山充填尤其是能充分利用矿山固体废料的矿山胶结充填，不但能在复杂条件下充分地回采矿产资源，而且能够减少矿山固体废料的排放和保护地表不受破坏。矿山充填具有四大主要的工业生态功能：提高资源利用率、储备远景资源、防止地表塌陷和充分利用固体废料。具体为：

（1）充分回采矿石资源。矿山充填的首要任务之一是充分回采矿石。众所周知，矿产资源相对于人类是不可再生的，充分利用矿产资源已是当代人的首要任务。另外，对于一些高品位矿床的开采，从矿山企业的经营目标出发，也应该尽可能提高回采率，以便使矿山获取更好的经济效益。

（2）远景资源保护。随着可持续发展战略在全球范围内的推行，矿产资源的合理开发不再仅仅局限于充分回收当代技术条件下可供利用的资源，而应该充分考虑到远景资源能得到合理保护。当代被采矿体的围岩极有可能是远景资源，能在将来得到应用。但按照目前通常的观念，这些远景资源是不计入损失范畴的，因为它们在现有技术条件下不能被利用，或根本还不能被认识到将来的工业价值。因而，在当代采矿活动中很少考虑远景资源在将来的开发利用，事实上在远景资源还不能被明确界定的条件下也难以综合规划。因此，在开发当代资源的过程中，远景资源往往受到极大破坏，如崩落范围的远景资源就很难被再次开发，或即使能开发也增加了很大的技术难度。

（3）防止地表塌陷。采矿工业在索取资源的同时，因开采而在地下形成大量采空区，即矿石被回采后，遗留在地下的回采空间。无论是崩落采矿法的顶板崩落，还是空场法的采空区失稳塌陷或顶板强制崩落，都会造成大量土地和植被遭受破坏。用充填法开采矿床时，回采空间随矿石的采出而被及时充填，这是保护地表不发生塌陷、实现采矿工业与环境协调发展的最可靠的技术支持。

（4）充分利用矿山固体废料。目前的工业体系实际上是一个获取资源和排放废料的过程。采矿活动是向环境排放废弃物的主要来源，其排放量占工业固体废料排放量的80%～85%。可见，现在的采矿工业模式显著增加了地表环境的负荷，不能满足可持续发展战略。采用自然级配的废石胶结充填、高浓度全尾砂胶结充填和赤泥胶结充填技术，不但具有充填效率高、可靠性高和采场脱水量少的工艺性能，还有可输性好和流动性好的物料工作性能、胶凝特性优良的物理化学性能、充填体抗压强度高和长期效应稳定的力学性能等，而且能够充分利用矿山废石和尾砂（或赤泥）。因此，矿山充填可以将矿山废弃物作为资源重新利用，达到尽可能地减少废料排放量的目标。

2.1.2.4 对充填材料的要求

作井下充填用的充填材料需要量大，要让它能切实起到支撑围岩的作用，而又不恶化井下条件，它必须满足下列要求：

（1）能就地取材，来源丰富，价格低廉。

（2）具有一定的强度和化学稳定性，能维护采空区的稳定。

（3）能迅速脱水，要求一次渗滤脱水的时间不超过3～4h。

（4）无自燃发火危险及有毒成分。

（5）颗粒形状规则，不带尖锐棱角。

（6）水力输送的粗粒充填料，最大粒径不得大于管道直径的1/3，粒径小于1mm的含量也不超过10%～15%，沉缩率要不大于10%～15%。

（7）用尾砂作充填料，所含有用元素要充分综合利用，硫含量必须严格控制（一般要求黄铁矿含量不超过8%，磁黄铁矿含量不超过4%），选矿药剂的有害影响也必须去除，而且一般要进行脱泥。

2.1.2.5 充填体的作用

充填体的作用是：

（1）有效地支撑和控制矿山地压。采空区经充填材料充填以后，由于充填体围压的作用，从而有效地控制了矿山地压，限制了地表移动和沉陷，能对地表建筑物和河流等起到较好的保护作用。

（2）充填体起隔离作用。胶结充填体或带混凝土隔墙的充填体，在间柱回采时，可避免矿房上下盘及上阶段废石涌入间柱采场，使间柱的回采工作面有安全保障，降低间柱回采贫损指标；充填体能支撑与隔离自燃发火矿石，防止冒落、破碎、发热，防止内因火灾的发生；充填体能隔离放射源，减轻放射性污染对人体的危害。

(3) 采矿环境再造功能。在采用上向采矿的充填采矿方法中，充填体作为继续上采的工作台，为回采前出矿、凿岩、支护创造了良好的工作环境；在采用下向采矿的充填采矿方法中，充填体作为再生顶板，为继续向下采矿创造了安全的工作空间，改善了工作环境，提高了工作效率。

2.1.3 地下采矿环境保护措施

地下采矿环境保护措施主要有：

(1) 依靠科学采矿，开发采矿新技术、新工艺。采矿与环境保护是对立统一的关系。采矿或多或少会造成环境破坏，矿山环境治理保护应标本兼治，从采选工艺技术入手，尽可能在矿山的开采、加工和使用过程中限制和减少对矿山环境的破坏与污染。大力开发利用矿山废料，维护矿山生态环境的平衡与稳定。在采矿方法方面应加强研究，开发新技术、新工艺，充填法采矿法应用，就充分利用了矿山废弃物进行充填料的配制，减少或解决了废石地表堆积、运输、污染等问题，对矿山的环境保护、采矿与环境协调发展起到了积极的推动作用。

(2) 研究和探索地下水防治与保护的新方法。加大科研投入、加大研究力度，研究地下水防治新方法，争取做到矿床不疏干、地表不塌陷、建筑不搬迁、河流不改河、井下不还水的地下水治理新技术。利用注浆补漏堵水技术达到不疏干。不疏干就可以保持稳定的生态系统环境，也就可以实现不还水、不搬迁。采空区充填可以控制地面不塌陷，而不塌陷就可以不改河。实现“五不”的防治水目标，矿山环境就可以得到保护。

(3) 科学采矿，合理利用资源。改进选矿工艺，提高水循环利用，减少污染，加大矿山污水处理的投入，提高生产用水的循环利用。综合利用尾矿，治理生态环境，提高经济效益，采空区充填是直接利用尾矿的有效途径之一，建材研究也是矿山持续发展解决地面排弃物污染的有效途径。

(4) 健全法律法规体系，重视矿山环境保护。采矿带来的环境问题，制约着矿山经济发展和可持续发展。因此，在矿山已有环境保护管理措施的基础上，进一步完善矿产资源开发与环境保护管理制度，将环境保护渗透到项目设计和方案实施的过程中，将环境保护作为指导方针贯彻始终，使不可避免的环境影响控制在最小限度，同时制定补救措施。搞好矿山环境监测及管理工作，提高环境保护管理水平。充分利用矿山废石，回填地面因采空区形成的塌陷坑，种植花草树木进行绿化，将矿山废石进行二次开发、加工，使之形成新的资源，既减少占地与污染，又创造了较好的社会效应。

(5) 建立法律及经济约束机制。建立法律的约束机制，对矿山生产建设过程中造成环境污染破坏，追究管理者的法律责任。建立经济约束机制，政府通过征收排污费、排污权交易、押金制度等制度迫使企业做好污染防治和生态保护，推行排污与治理分离制度，推进专业性环境保护组织的发展，将环境保护的责任纳入政府管理、可靠控制的范畴，促进矿业经济可持续发展。

2.2 露天采矿与环境保护

2.2.1 露天采矿对环境的影响

露天采矿对环境的影响是：

（1）水体污染破坏。露天采掘直接破坏大量土地，各类废石、废渣、尾矿的堆放也侵占大量土地。矿山表土剥离通常忽略了对可耕种土壤的保存，导致严重的水土流失；地表植被破坏后，受风力水力的侵蚀加剧，大片土地出现沙化。此外，矿山生产排出的废水污染侵蚀着矿区周围的土地，导致大片农田荒芜损毁。露天采矿对水环境系统的破坏也非常严重。采矿废渣（排土场）、尾矿（尾矿库）暴露在大气中，往往造成矿区附近的地表水体遭受污染，甚至无法饮用、灌溉。另外，采场内疏干排水改变了地下水自然流场及补、排条件，打破了大气降水、地表水、地下水的均衡转化，常常形成以采区为中心的大面积降落漏斗，造成泉眼干涸、水源枯竭。

（2）地质灾害。地面及边坡开挖影响山体和斜坡稳定，导致岩（土）体变形，诱发崩塌和滑坡等地质灾害。矿山排放的废石常堆积于山坡或沟谷，在暴雨诱发下极易发生泥石流，形成危害人民生命及财产的地质灾害。

（3）大气污染。露天采场生产因大量使用大型移动式机械设备和大爆破，使矿内空气产生一系列尘毒污染，如爆破和采用柴油机为动力的设备等。常见的污染物质主要有粉尘、有害有毒气体和放射性气溶胶。由于生产工序的不同，产尘量与所用的机械设备类型、生产能力、岩石性质、作业方法及自然条件等许多因素有关。露天开采强度大，机械化程度高，受地面气象条件影响，产生的气体常具突发性（如爆破），不利的气象条件及不良的自然通风方式甚至可使局部污染扩散至全矿，使大气污染。选矿生产过程中产生的大量粉尘和有毒物质，也是矿区大气污染的重要因素，在自然及运输车辆产生的风流作用下，尾矿粉会直接扬起，这会使大气中粉尘浓度非常高，会严重地污染矿区空气。此外，矿区繁忙的交通运输产生的富含重金属物质的废气，矿区冶炼厂、烧结厂、电厂产生的浓烟，以及矿区燃煤产生的有害物质，均可对矿区大气造成污染。

2.2.2 露天采矿环境保护与治理

2.2.2.1 露天采矿生产期环境保护

露天采矿和地下开采相比，对环境的污染破坏突出表现在排土场对水体的污染、排土场的地址灾害、大揭露敞开式开采方式产生粉尘。下面着重从露天采矿的角度阐述对环境的破坏及治理措施。

A 粉尘的产生与降尘

a 钻孔产生与降尘

钻机产尘量占该生产设备总产尘量的第二位。钻机孔口附近工作地带在没采取防尘措施时，粉尘浓度平均为 448.9mg/m³，最高达到 1373mg/m³；钻机司机室粉尘浓度平均为 20.8mg/m³，最高达 79.4mg/m³。这还是在潮湿季节测定的，大风干燥季节尤为严重。

一台牙轮钻机当穿孔速度为 0.05m/s 时，仅 10～15μm 的微细粉尘这一项的产生量，每秒就多达 3kg 之多，在风流作用下，它可污染露天开采大片地区，即便远离钻机的地方，空气中粉尘浓度也大大超过卫生标准。

根据牙轮钻机的产尘特点及露天开采区的气温和供水条件，目前采用的除尘措施可以分为干式捕尘、湿式除尘及干湿结合除尘 3 种方式。选用时要因时因地制宜。

(1) 干式捕尘以布袋过滤为末级的捕尘系统为最好。布袋的清灰方式有机械振打和压气脉冲喷吹。我国以压气脉冲喷吹为主，布袋过滤辅之以旋风除尘器为前级，并于孔口罩内捕获大粒径粉尘及小碎岩屑的多级捕尘系统为最好。布袋除尘不影响牙轮钻的穿孔速度和钻头寿命，使用方便。但是，其辅助设备较多，维护麻烦，且能造成积尘灰堆的二次飞扬，这是它的不足之处。

(2) 湿式除尘主要是气水混合除尘。该方式设备简单，操作方便，能保证作业场达到国家卫生标准。但是，寒冷地区必须防冻，而且有降低穿孔速度和影响钻头寿命的缺点。

(3) 干湿结合除尘是往钻孔中注入少量水而使细粒粉尘凝聚，并用离心捕尘器收捕粉尘，或采用洗涤器、文氏管等湿式除尘器与干式捕尘装置串联使用的一种综合除尘方式。

潜孔钻机产尘量比牙轮钻机稍小，但也有一定数量的粉尘产生。潜孔钻机除尘的原则与方法基本同牙轮钻机，分为干式、湿式两种。干式除尘直接对孔中吹出的尘气混合物分离、捕集；湿式除尘用气水混合物供给冲击器，在孔内湿润岩粉，使之成为湿的岩粉球团排出孔外。

(1) 干式除尘多用孔口捕尘罩，该罩顶部与定心环相连；旁侧排尘管管口装有胶圈，它可在沉降箱侧壁上自由滑动，借助风机在箱内形成负压，可使之紧贴在沉降箱吸风口上而不致漏风。在更换钻头时，只需升降定心环，捕尘罩便能随之起落。

(2) 湿式除尘的方法是：凿岩时从注水操纵阀输入的压气推动注水活塞移动，打开水路，从水泵输入的压力水由喷嘴喷出，被冲击器操纵阀输入的压气吹成雾状，形成气水混合物进入冲击器，使岩粉形成湿润球团排至捕尘罩。

b 铲装产尘与降尘

电铲产尘量与采掘的矿石的相对密度、湿度，以及铲斗附近的风速等因素有关。一般矿山的电铲产尘强度为 400～2000mg/s。

露天铁矿所用电铲多为 4m³ 的铲斗，当爆堆干燥时，铲装过程产尘量占总产尘量的第三位。电铲司机室内的粉尘来源一是铲装过程所产粉尘沿门窗缝隙窜入；二是室内二次扬尘。电铲司机室采取两级除尘净化措施以后，室内平均粉尘浓度可降到 1～2mg/m³。

用喷雾洒水办法抑制露天开采中的装矿、卸矿时的粉尘飞扬，只对 20～30μm 的大颗粒粉尘有较高的效果，对小于 5μm 的呼吸性粉尘则无能为力。

在喷雾的水中加湿润剂可提高捕获较细颗粒粉尘的效率。湿润剂不仅能加强水的湿润能力，且能侵入粉尘内部，导致小颗粒相互凝聚，以最少的水量获得最大的湿润效果。充电水雾抑尘也取得了良好的效果。由于工业性粉尘有荷电性质，研究表明，小于3μm的粉尘带有负电荷，因此，可利用与粉尘极性相反的静电水雾使呼吸性粉尘凝结及沉降。使用静电喷涂的喷枪，用30000V高压电使水离子化，每分钟流水量为28.2L。测尘结果表明，用充正电荷的水可使呼吸性粉尘浓度显著下降。

c 运输产尘与降尘

运矿汽车往返于露天阶段路面，其产尘量的大小与路面种类、路面上积尘多少、季节干湿、有无雨雪以及汽车行驶速度等因素有关。据测定，其产尘强度在620~3650mg/s左右。运矿汽车在行驶过程中，其产尘量占全矿采、装、运等生产设备总产尘量的91.33%，居于首位。它是污染露天开采区空气的主要尘源，并造成了全矿空气的总污染。

露天开采的行车公路上经常沉积大量粉尘，当大风或干燥天气和汽车运行时，尘土弥漫，粉尘飞扬，汽车通过的瞬间，空气中的粉尘浓度高达每立方米几十甚至几百毫克。

国内外路面除尘的最简易办法就是用洒水车喷洒路面。英国露天开采的研究表明，要使路面粉尘不再飞扬，除非使道路上的尘土含水量占10%以上，而路面粉尘干燥的速度主要取决于空气的湿度和风速。若遇到干旱的大风天气，洒水后水极易蒸发，往往事倍功半。

露天开采运输道路的防尘有3种措施：洒氯化钙、涂沥青、喷化学粘尘剂。长期使用结果认为，氯化钙容易腐蚀车胎，而沥青的粘尘作用时间又较短。近年研制成一种石油树脂冷水乳剂，作为路面涂尘中化学粘尘剂用，其效果较好。喷洒石油沥青、乳胶化沥青进行路面防尘在国外也获得较好效果。例如，某露天铜矿将一定量的沥青液装入水车的水箱中，然后按比例注水，配制成5%或10%的乳胶状沥青溶液。由于装水时水流的冲击，形成乳状，在水车奔驰颠簸过程中又充分混合成胶体，其小球直径为2.5μm，具有缓凝和黏着力强的特点。该矿喷洒乳胶沥青后，路面形成0.8mm厚的沥青层，不仅防止了粉尘飞扬，而且路面光滑、减少了维修。这种路面虽能经受50mm降雨量阵雨冲刷，但却不能抗御持续2~3天毛毛细雨的侵蚀。由于沥青有碍矿石浮选，因此该法只适用于露天开采外到卸石场的一段路面上，而不适用于采场路面。

d 排土场产尘与降尘

据统计，推土机的产尘强度变化在250~2000mg/s之间，具体数据取决于矿岩的含湿量、空气湿度及露天工作地点的风流速度。二次凿岩爆破大块是采矿的重要辅助工序，尽管浅孔凿岩机产尘量比露天大型机械低得多，但其工作地点接近电铲和汽车路面，有与这些生产过程相互影响的作用，所以二次凿岩区的空气中的粉尘浓度也相当可观，干式凿岩时可高达100~220mg/m^3。

露天开采堆放剥离土石排土场、矿石堆、尾矿堆也是露天开采尘源之一。为避免矿石和废石堆的粉尘污染露天环境，在进行露天开采设计时应选好地址。可以利用自然低凹地形，并与平整土地和复田计划相结合。无凹地可利用时，也要使废石堆远离生活区并种植松树林防风。除此以外，对废石堆应采用喷洒大量水流和使用覆盖剂以形成覆盖层。覆盖剂不仅要求能使废石堆表面形成一层硬壳，而且要求能经得起风吹、雨淋、日晒，还要求喷洒量小、原料充足、价格便宜，以及没有二次污染。

B 预防排土场地质灾害

露天采矿除上述的粉尘污染环境外，还有排土场滑坡灾害容易发生，排土场滑坡是因松散固体大规模错动、滑移对环境造成的破坏性危害。另外还有排土场泥石流灾害容易发生，排土场泥石流是液固相流体流动对环境形成的破坏性危害。

a 排土场滑坡

排土场滑坡是排土场灾害中最为普遍、发生频率最高的一种，按其产生机理又分为排土场与基底接触面滑坡、排土场沿基岩软弱层滑坡和排土场内部滑坡3种类型。

排土场内部的滑坡如图2-2（a）所示。基底岩层稳固，它是由于岩土物料的性质、排土工艺及其他外界条件（外载荷和雨水等）所导致的排土场滑坡，其滑动面出露在边坡的不同高度。

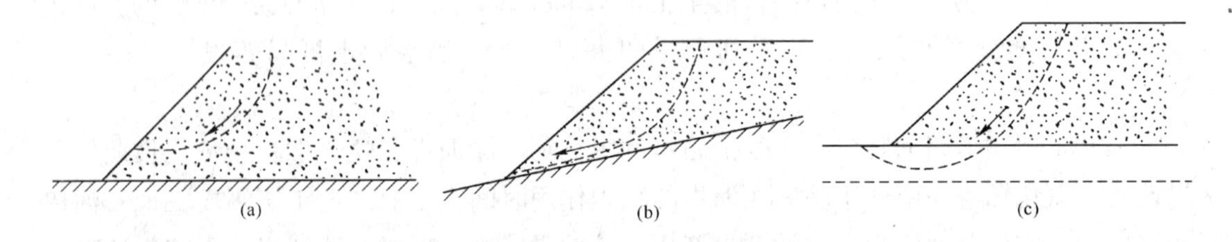

图2-2 排土场滑坡类型示意图

（a）排土场内部的滑坡；（b）沿基底接触面的滑坡；（c）基底软弱层的滑坡

当排弃的是大块坚硬岩石，其压缩变形较小，排土场比较稳定。若岩石破碎，含较多的砂土，并具有一定湿度时，新堆置的排土场边坡角较陡（38°~42°左右），随着排土场高度增加，继续压实和沉降，排土场内部出现孔隙压力的不平衡和应力集中区，孔隙压力降低了潜在滑动面上的摩擦阻力，因而可能导致滑坡。在边坡下部的应力集中区产生位移变形或边坡鼓出，然后牵动上部边坡开裂和滑动，最后形成抛物线形的边坡面，即上部陡、下部缓，以直线度量的边坡角通常为25°~32°。

排土场内部的滑动坡多数与物料的力学性质有关。如含有较多的土壤或风化软弱岩石，当排土场受大气降雨或地表水的浸润作用时，排土场的稳定状态会迅速恶化。

沿基底接触面的滑坡如图2-2(b)所示。当山坡形排土场的基底倾角较陡，排土场与基底接触面之间的抗剪强度小于排土场的物料本身的抗剪强度时，便易产生沿基底接触面的滑坡。如基底上有一层腐殖土或在矿山剥离初期排弃的表土和风化层，堆置在排土场的底部而形成了软弱夹层，若遇到雨水和地下水的浸润，便会促进滑坡的形成。

软弱基底鼓起引起的排土场滑坡如图2-2(c)所示。当排土场坐落在软弱基底上时，由于基底承载能力低而产生滑移，并牵动排土场的滑坡。

修建护墙挡坡是用坚硬的岩石砌筑在可能发生潜在滑动面的位置上的一种工程治理措

施。干砌重力块石坝，其渗透性好，施工简单，造价便宜，在排土场形成后，可成为预先埋置的抗滑挡墙。重力坝除具有预防滑坡的作用外，对泥石流也具有一定拦截作用，并且它还为水的排泄和排土场内部的疏干提供了条件。

b 排土场泥石流

由于岩石风化、滑坡、崩塌或人工堆积在陡峻山坡上（30°～60°）的大量松散岩土物料充水饱和，形成一种溃决，称为天然泥石流。含大量泥沙石块，砂石含量为15%～80%的泥石流体（容重在1.3～2.3t/m^3）在重力作用下沿陡坡和沟谷快速流动，形成一股能量巨大的特殊洪流，它可在很短时间内排泄几十万到几百万立方米的物料，可对道路、桥梁、房屋、农田等造成严重灾害。

形成泥石流有三个基本条件：第一，泥石流区含有丰富的松散岩土；第二，山坡地形陡峻和有较大的沟床纵坡；第三，泥石流区的上中游有较大的汇水面积和充足的水源。矿山泥石流多数以滑坡和坡面冲刷的形式出现，即滑坡和泥石流相伴而生，它们迅速转化，难以截然区分，所以又可分为滑坡型泥石流和冲刷型泥石流。

排土场泥石流产生的主要原因有：排土场在使用前对其底部的软弱层不清理或清理不彻底，给排土场滑坡埋下了隐患发生泥石流；在排土场工程地质勘探和排土规划设计等涉及排土场建设质量的许多重要方面常被忽视，没有严格按照设计要求组织排土作业形成泥石流；初期排土场底部排弃的疏水性块石厚度不够，或进行岩土混排，从而人为地在排土场内部形成了软弱面形成泥石流；大气降雨和地表水对排土场的浸润作用，使排土场初始稳定状态发生改变，稳定性条件迅速恶化也会发生泥石流。

排土场所处的山坡地形如果上陡下缓且现场条件许可时，应从底部先行排土，以确保排土场的稳定。排土顺序应该合理，应避免形成软弱层，应将坚硬的大块岩石堆置在排土场底层以增加排土场的透水性和稳固基底，以及将大块的岩石堆置在最低一个台阶反压坡脚。

在基底或软岩较薄时，则应在排土之前将软岩挖掉，提高排土场基底的摩擦力，增加排土场的稳定性。另外，排土场的选择必须建立在可靠的工程地质勘探资料的基础之上，遇有基岩弱面的地方，如断层、原生地质软弱层等应尽量避开。

c 排土场防水

水是引发排土场三种灾害（滑坡、泥石流、污水）的一个共同的因素，它在排土场灾害中起着十分重要的作用。因此，需要采取一定的工程措施进行水的治理和疏排工作。

修筑和完善排土场的截水沟。应在排土场上方的山坡上选择适宜的位置修建截水沟和定期对原有的排水沟进行修缮，以便雨水和地表水集中排至排土场外围的低洼处。

打排水钻孔和修筑疏干涵洞。一般采用在适当部位打排水钻孔的办法降低水位或者不让静水压力造成隔水层底鼓，防止地下水穿透隔水层进入排土场。如果基底面存在较大规模的低洼积水情况，还可开挖涵洞以对其进行疏干。

2.2.2.2 闭矿露天坑及排土场的环境保护

露天开采的矿山可对生态环境造成破坏并且影响和破坏森林植被与自然景观。有的矿山位于自然保护区、风景名胜区、旅游度假区、地质遗址保护区、历史文化保护区、水源保护区、重要基础工程设施保护区及城镇周边等，它会严重影响自然景观、旅游资源、文物资源、水资源、森林资源和重要的基础工程设施的保护和城镇的发展及环境的改善。

露天采矿排弃岩土的不合理遗弃堆放，导致边坡失稳，诱发滑坡崩塌、泥石流等地质灾害；露天采矿造成的森林植被和景观破坏、良田毁坏、水土流失、侵占土地、环境污染、诱发地质灾害等，严重影响重要基础设施及其他资源的保护等，也直接威胁和破坏人居环境、加速生态环境的恶化，影响矿区及其周边地区居民环境质量的改善与提高，特别是在城镇周边、风景名胜区、交通干道（铁路、高速公路、国道、省道和主航道等）两侧可视范围内，严重破坏旅游资源、影响观瞻，制约了资源效益与环境、经济、社会效益的统一和协调发展。

露采矿山开采所致的主要问题有：耗费过量的土地资源；被破坏的土地尚难被有效利用，既破坏了原有的自然生态系统，又难以直接成为进一步服务于社会、经济的某种目的用地；矿山边坡失稳易造成地质灾害；矿山废弃物堆置占用土地，又成为周围环境的严重污染源等。

随着我国采矿行业的发展，大批矿山已经闭坑结束，转入地下开采。露天采坑和排土场的安全及环保问题日渐显现，且显得越来越突出。解决露天矿山闭坑后的安全及环保方法是恢复植被、进行绿化。

绿色植物是人类和生物界赖以生存的物质基础。绿色植物通过它的生命活动对生态平衡功能的调节是任何其他物质所不能替代的。增加绿化面积，提高植被覆盖率，绿化矿山，是改善人们的生存环境，提高环境质量最积极、稳定、长效和经济的手段。

采用植物绿化矿山可以利用植物的巨大防护作用，如防止水土流失、涵养水分、加固残坡积物、增强终边边帮的稳定性，起到防止和减少滑坡、崩塌、泥石流等地质灾害的作用等。同时，矿山绿化后，空气质量改善。植物有吸滞烟灰、粉尘的功能，植物能有效地吸收有害气体，放氧，从而净化环境。某些特殊的植物能吸收、分解或固定有毒物质，净化有害废弃物或防止有毒物质扩散污染。

A 改变观念，健全法律法规

从维护生态可持续发展的观点，采矿土地的治理应服务于包括人类在内的整个自然界，而不是过去人们侧重的人类本身。矿山破坏土地的治理应该是建设一个与当地自然相和谐的人类生态系统（如农业生态系统、城市生态系统等）；或建立一个自然生态系统（它可以是被破坏的生态系统的恢复，也可以是一个新的自然生态系统的创造），以弥补、充实和丰富这一地区原有的自然生态系统。

随着国民经济的发展，我国对环境保护越来越重视，制定了《中华人民共和国矿产资源法》、《中华人民共和国水土保持法》、《中华人民共和国环境保护法》、《中华人民共和国水法》、《中华人民共和国森林法》及《全国生态环境保护纲要》等法律法规。

B 植被恢复

植被恢复是重建生物群落的第一步。它以人工手段改良生境条件，满足某些植物的生存需要，促进植被在短时期内得以恢复，缩短自然生态系统的演替过程。

在力图恢复矿山生态系统时，由于植物生长立地条件的改变，恢复的植被结构、种类不可能与原植被一样。但这并不是说一开始就不可建立最终的冠层植被，而仅说明其他植物种类也许可在植被恢复初期处于主导地位。随着生境条件的逐步改良，通过鸟、动物、风和水流等传播媒介的作用，一些从周围地区来的亚先锋植物物种侵入形成多层次植被群落。但最初的植物恢复必须是建立自我持续的植被系统，以便其持续的过程最终达到理想的植被群落。

露天开采矿山破坏了自然生态环境，出现坡面岩石裸露、地面碎石间含土量少、水分难以保持、太阳辐射强烈导致高温和干旱或水涝等极端环境条件。植被复绿必须有与之相宜的立地条件，即需创造和解决土壤条件、营养条件、物理条件和植物物种条件等。

C 露天采矿环境治理技术

生态治理的目的是使自然-社会-经济系统的综合效益最大化。矿山开采必须遵循最小量化原则、无害化原则、资源化原则、生态系统的恢复和重建原则、立法原则，最终达到地形、植被在视觉和环境上与周围的区域生态融为一体。生态系统的恢复应本着由低级向高级阶段过渡的办法，就是模拟自然生态系统形成演替规律，采取适量投入进行矿山生态环境修复。根据矿区干旱、贫瘠等环境资源状况，首先种植抗性较强的先锋树种、草种和抗旱灌木等，建成人工生态系统，以后再逐渐投入恢复生态功能。

a 生态复绿治理中土壤条件的创造

按矿区不同类型治理设计的要求，结合边坡物理治理工程的手段，可对矿山进行以下一种或同时进行数种类型相结合的生态治理：

（1）喷浆型。在大坡度岩面架立体塑料网或平面铁丝、塑料网、锚固，再用压力喷射混凝土机逐层喷涂混有土壤、肥料、有机质、疏松材料、保水剂、黏合剂等混合料加水成浆，喷射到岩面上网架内，待下层固化后再喷灌至要求的厚度，再在上层喷播含草籽的混合料。

该法可在岩石表面黏结基质复合物，并能形成一层具有连续空隙的硬化体。一定程度的硬化物使种植基质免遭雨水冲蚀，而空隙内填有植物种子、肥料、土壤等，为植物提供生长空间。但该法也具有固有缺陷，如大面积高坡使用特别是在黏合剂使用不当时，会造成雨水入渗减少（黏合剂过多），地表径流增大，冲刷下坡植被，引起倒塌及失水，造成岩面植被干旱，或黏合剂过少时会引起基质流失；植被形式单一，因喷播机易阻塞，只能使用草籽及小量灌木籽，形成坡面单一模式；造价高，一般为 50 ~ 100 元/m^2，用于大面积的矿山复绿时投资过大，财力尚显不足。此外，长期养护的费用高，但见效快。

（2）营造台阶型。对矿山相对较高坡度大、坡面致密稳定，对放缓边坡覆土种植不易和投入较大的，可以营造台阶式，台阶一般要求为10m以下、不高于20m，宽1～2 m，台阶上构造种植槽，槽高60cm以上，离槽底5cm设排水沟，槽中回填种植土。

台阶型一般用于陡高坡，常采用坡跟栽乔木遮挡及爬藤。下台阶种灌木遮挡及爬藤；上台阶种植悬吊植物及灌木。植绿效果确定，方法简单，投资适中，但施工难度大，土石方工程量大，植绿效果稍慢。也可使用挂锚网喷混播，这种方法绿化速度快，但投资大，非一般急需绿化项目尽可能不用这种方法。

（3）鱼鳞坑型。坡度60°以下，高度一般不大于60m坡面稳定性好，底质有一定风化性的，清除浮石后交错炸坑或挖鱼鳞坑，坑大不小于1m，坑底边设弧形水泥石块（砖块）围栏，弧口向上向边延伸50～100cm，离坑底5cm设排水洞，坑内填50cm以上含有保水剂的有机基质（营养土）。

鱼鳞坑型可用于缓坡、碎裂岩性，常结合四旁绿化，植绿效果稍慢，投资适中。此法要求交错挖坑，建弧形挡墙，拦截收集雨水（“筑坝拦水”），减少地面径流。此法对回填基质要求高，最好添加保水剂，工程量稍大。

（4）放缓边坡覆土型。对坡度较大，高度较低，用扩大境界、放缓边坡、覆土绿化。首先向后或上边扒开泥土堆积层，暂存堆放，然后放缓边坡，再在坡面上覆盖堆积保存泥土。

其优点是使坡面安全稳定，植被养护容易，能与周边环境形成衔接，形成自然生态系统。其缺点是必须扩大境界，破坏了矿区周边的植被，工程量大。还受到区域条件限制，如矿山坡顶已经开采到山顶或过山顶；坡顶土层深厚，放坡后便于覆土利用等。其投资量受坡角的大小、坡顶的高度、土壤厚薄程度等限制，只能在采矿时结合削坡才较为可行。

（5）客土型。矿渣除开发综合利用外，需植绿的可采取适当平整，并尽可能与周围形状吻合。一般矿渣含泥量大的可以缓慢地恢复自然生态，一般情况可进行适当客土，如上覆5～15cm含有机质的表层土，种植植物能起到快速复绿的效果；含土量少或无泥的则必须客土，不少于15cm，用于经济林的则不少于50cm。

（6）覆土型。含土很少或完全没有，而又坡度偏大的坡面，一般需要削坡处理后进行，也可用水泥在坡面上先构筑框架（或用其他材料做成）或用空心水泥砖砌面，然后将土填入其中，再播种植物。也可以利用锚网在坡面上搭多级台阶，水泥固化，覆盖无纺布防止雨水冲刷，再喷播植绿。

b 无土生态有机基质（营养土）在矿山复绿中的应用

无土生态有机基质由泥炭、腐熟有机废弃物、椰糠、蛭石、珍珠岩、保水剂、pH值调节剂、大量元素及微量元素调节剂、生物活性物质等组成。它含有植物生长所需的营养元素，同时能维持良好的植物根系环境条件，满足植物长期生长的需要。无土生态有机基质具有如下特点：

（1）营养全面，可针对不同生态环境、不同植物的养分需求特点进行专门配方。

（2）效能长，配方中的有机肥、泥炭等具有缓慢释放营养物质、长期提供植物生长需要的特点。

（3）质量轻，每方（即 $1m^3$）只有 0.25～0.3t，适合于矿山、台阶、种植坑回覆种植，利于操作，可减轻劳动强度。

（4）透气、保水、保肥性好，护理方便。无土有机基质结构疏松、透气性好，吸水快，持水量大，可达自身质量的3倍。如添加一定量保水剂，持水性更大，可收集截流坡面冲刷的雨水，避免坡面宝贵的水资源流失，保护和提供坡面植物重要的生长因子——水、土、肥。

（5）改良土质：在原土壤中掺入有机基质，可增加土壤团粒结构，使土质疏松，持水性增强，增长肥效，调节土壤 pH 值。

在绿化工程中，结合使用无土生态有机基质（营养土），能使植被正常、迅速地生长，加速矿山绿化。

c 植物生长与生长环境的关系

（1）土壤：土壤是植物赖以生存的物质基础，土壤母质、结构、pH 值、肥力等与植物生长密切相关。

（2）水分：水分是植物生长的关键因子。在光合作用、呼吸作用、有机质的合成与分解过程中都有水分子的参与，水为植物矿质营养吸收和运输的媒介。植物的供水状况会直接或间接影响植物的光合作用，如植物缺水时，根系吸收功能下降，叶子萎蔫，气孔关闭，影响二氧化碳进入，光合作用下降，严重干旱时可使植被死亡。水分过多，根系缺氧，抑制根系呼吸作用，厌氧细菌会产生有毒物质，不利于根系生长，会形成烂根。

（3）光照：光为植物光合作用提供能量，是植物赖以生存的必需条件之一。根据植物对光强的反应不同，可以分为阳性植物、阴性植物、耐荫植物。阳性植物的光补偿点高，要求生长在阳光充足的地方，若缺乏光照，则生长不良；阴性植物光补偿点低，能在较低的光照强度下生长；耐荫植物介于阳性与阴性植物之间。

（4）温度：植物生长过程存在最低温度、最适温度和最高温度，即三基点温度。温度直接影响植物内各种酶的活性，从而影响植物代谢即合成和分解的过程。温度低于最低或高于最高温度时，酶活性受到强烈抑制。同时，高温与低温对植物的细胞产生直接的损害，如蛋白质变性，使植物死亡。

（5）地形：海拔、坡度、坡向、地形外貌都影响当地气候、太阳辐射、湿度等因子的变化，从而影响植物生长。对于一个给定的矿山，坡向显得尤其重要。对不同坡向，选择利用具不同光补偿点特性的不同植物进行植被护坡。

d 矿山自然环境生态治理工程中的绿化工艺

矿山自然环境生态治理工程中的绿化工艺主要有：

（1）喷播法。液压喷播是利用流体力学原理把草种、灌木种子混入装有一定比例的水、木纤维、泥炭、有机肥、黏合剂、保水剂、化肥、土壤等的容器内，利用离心泵把混合料通入软管输送到喷播坪床上，形成均匀的覆盖物保护下的草种层，多余水渗入土中。纤维胶体形成半透明的保湿表层，减少水分蒸发，给种子发芽提供水分、养分和遮荫条件。纤维胶体和土表黏合，使种子遇风、降雨、浇水不会冲失，具有良好的固种保苗作用。

(2) 撒播法。在水土条件较好、缓坡及平地可进行人工或机械撒播，然后耙浅表土覆盖种子。

(3) 原生植物移植法。它是将采完区段的坡面修成可以进行绿化的倾斜度（约40°以下），覆盖外运表土后，选取该地段附近的原生植物，在修筑坡面的同时进行移植。

(4) 野生土种栽植法。从矿区周边采集种子和种苗进行播种与栽植。

(5) 外来品种引入法。把域外（在本区域）成功的护坡植物，特别是观赏性花卉灌木移植到矿山中，使其成为景观效应。

(6) 植生袋法。用乙烯网袋等将预先配好的土、有机基质、种子、肥料等装入袋中，袋的大小厚度随具体情况而定。一般为33cm×16cm×4cm，也可放大。一般在有一定碴土的坡面使用。使用时沿坡面水平方向开沟，将植生袋吸足水后摆在沟内。摆放时种子袋与地面之间不留空隙，压实后用U形钢筋式带钩竹扦将种子袋固定在坡面上。一周后种子发芽，初期应适时浇水。

(7) 堆土袋法。该法是装土的草袋子沿坡面向上堆置，草袋子间撒入草籽及灌木种子，然后覆土并依靠自然飘落的草本类种子繁殖野生植物。

(8) 藤蔓植物攀爬法。矿山中常出现岩石裸露的陡坡，不便覆土植绿。常利用藤蔓植物攀爬、匍匐、垂吊的特性，对山坡、墙面、岩石、坡面绿化或垂直绿化。如爬山虎最初以茎卷须产生吸盘吸附岩体后，又产生气生根扎入岩隙附着，向上攀爬，最后以浓密的枝叶覆盖坡面，从而达到绿化的目的；忍冬、蔓常春藤、云南黄素馨等的枝叶从上披垂或悬挂而下，可达到遮盖坡面的效果。

选择藤蔓植物必须注意植物性状（如阳性、阴性、耐荫性，不同坡面朝向选择不同的光耐性植物）及攀爬方式、适宜的高度，如使用美国爬山虎及一些缠绕类大藤木需架网式绳子，以便攀爬物沿着绳子生长。

(9) 高大乔木遮挡法。在矿山远处及坡脚覆土，栽植速生高大乔木或大树移栽。利用大树树体高大浓荫遮挡裸露坡面，不仅具有较好的视觉效果，同时为耐荫等爬藤植物提供良好的生态环境。

另外还有许多方法，如铺草皮法、绿篱法、插穗法、埋干法等。

e 矿山植物的选取

绿化矿山植物的选取应考虑矿山地理气候特点、成土母质特性等；根据矿山环境特点选择耐旱、耐瘠、耐热、抗污染等特性的植物；尽可能选择与当地环境统一的当地资源丰富的乡土品种；在需要地段，还应尽量选取园林景观植物，使绿化源于自然而高于自然；在短期复绿的同时，考虑选择长期有利于生物演替的植物，可采用混播、混种或分期栽植等多种形式。

选取植被恢复使用的植物种类，取决于该地区矿山未来的土地使用、土壤条件和气候。如果植被的目的是恢复自然生态，那么可事先确定植物的种类。

有些本地植物种类在采矿后土壤条件发生巨大变化的地区不会成活，而治理的目的是再建立能达到原来地植被功能的自然生态。如果是这种情况，那么就必须引进采矿之外地区的植物种类。与原植物相似，并能在与被绿地的土壤类型、水分状况、朝向和气候相似的地区生长的物种是最合适的。在引进外来植物时务必谨慎，以避免引进可能会导致侵袭周围地区本地植物的（如紫茎泽蓝）或是造成火灾危险，或成为当地农业杂草的植物种类。

正确地选择矿山自然生态环境治理所需的植物种类和品种，是治理成功与否和治理品位高低的关键。矿山自然生态环境治理所需的植物种类和品种见表2-1。

表2-1 矿山自然生态环境治理所需的植物种类和品种

植物名称	分类（科）	类型	光敏性	花期/月份	特　性	用　途
爬山虎	葡萄科	落叶	耐荫	5~6	大型木质藤本，茎长可达30m，以吸盘、气生根吸附生长，生长快，耐寒、耐旱，也耐高温，对土壤、气候适应性强，喜荫、耐光，生长快，抗SO_2及Cl污染。	攀附背荫岩石、墙面，阳面要树木适当遮荫
络石（石龙藤）	夹竹桃科	常绿	耐荫	4~7	藤茎可达10m，气生根吸附攀爬，喜温暖湿润气候，对土壤要求不严，酸性、中性土生长强健，抗风，喜光、耐荫、耐干旱、忌水淹	攀附岩石
扶芳藤	卫矛科	常绿	耐荫	4~7	藤木可达10m，茎匍匐或附着他物，气生根吸附攀缘，喜温暖，耐寒，喜荫湿，耐干旱，瘠薄，对土壤要求不严，生长性强健，抗性强，生长快	攀附山石、陡坡

D　露天采坑边坡治理

由于采矿本身是一种对原岩的破坏，采剥作业打破了边坡岩体内原始应力的平衡状态，出现了次生应力场，在次生应力场和其他因素的影响下，常使边坡岩体发生变形破坏，使岩体失稳，导致崩落、散落、坐落、倾倒坍塌和滑动等。所以边坡的稳定性是生态治理的前提，它直接关系到人身和财产的安全。

露天矿边坡一般比较高，从几十米到几百米均有，走向长从几百米到数公里，因而边坡揭露的岩层多。各部分地质条件往往差异大，变化复杂。最终边坡是由上而下逐步形成，上部边坡服务年限可达几十年，下部边坡服务年限则较短，底部边坡在采矿结束时即可废止，因此，上下部边坡的稳定要求也不相同。边坡是用爆破、机械开挖等手段形成的，暴露岩体一般未加维护，因此，边坡岩体较破碎，并易受风化等影响产生次生裂隙，破坏岩体的完整性，降低岩体强度。

边坡的治理方法有：

（1）对坡度不符合要求、开采面已过山顶的边坡可以进行削坡减载。对于高度不大的此类边坡，也可填方压坡脚。

（2）对富水地区边坡必须进行疏干排水，必要时可钻引水孔排水。

（3）对于地质条件易造成滑坡或小范围岩层滑动的岩体，需采用抗滑桩、挡石坝方法治理。

（4）对局部受地质构造影响的破碎带，采用锚杆、钢筋网喷射混凝土护面。

（5）对深部开裂、体积较大的危岩，宜采用深孔预应力锚索、长锚杆进行加固。

（6）对于边坡石质较软、岩石风化严重、易造成小范围塌方的削坡后低处宜用挡土墙支挡，高处可采用框格式拱墙护坡。

（7）为防止滚石伤人，坡面要进行严格的检查撬毛工作，然后可结合绿化工程在坡上铺设金属网或塑料格栅网挡石。

（8）对于地势较高的矿山，需检查矿山废渣场（堆）有无可能形成泥石流和坍塌，若不符合安全要求，需进行清理或建拦碴坝拦挡。

3 矿山生产企业的污染源

3.1 矿山生产企业产生废气

按照国际标准化组织（ISO）规定：大气污染通常是指由于人类活动或自然过程引起某些物质进入大气中，呈现出足够的浓度，达到了足够的时间并因此而危害了人体的舒适、健康和福利，或危害了环境。

大气污染物种类很多，按其存在状态可概括为两大类，即颗粒状态污染物和气体状态污染物。此外，按污染物在大气中发生的二次反应，又可将大气污染分为煤烟型污染和光化学烟雾污染。

（1）颗粒状态污染物。颗粒物常表示为总悬浮微粒物（TSP）、飘尘和降尘。总悬浮微粒又称为总悬浮颗粒物，是指悬浮在空气中的空气动力学当量直径不超过100μm的颗粒物。飘尘是指$\phi < 10\mu m$可长时间漂浮于大气中的悬浮物，降尘是指$\phi > 10\mu m$在较短时间内沉降到地面的悬浮物。

（2）气态污染物。气态污染物一般包括：

1）含硫化合物，如SO_2、SO_3和H_2S等；

2）含氮化合物，如NO、NO_2、NH_3等；

3）碳氧化合物，如CO和CO_2；

4）碳氢化合物，如有机废气；

5）卤素化合物，如含氯和含氟化合物。

（3）二次污染物。污染源直接排入大气未发生性质改变的污染称为一次污染物，一次污染物之间或一次污染物和大气原有组分发生化学反应后生成的新的污染物称为二次污染物。如以煤为原料，大气中的烟尘、SO_2与水蒸气混合并发生化学反应所生成的烟雾，称为硫酸烟雾，也称为伦敦型烟雾。

3.1.1 地下开采矿山废气的产生

金属矿地下开采根据开采的特点，大部分采矿活动均位于地下的空间内，地下空间的空气质量直接影响工作人员的身心健康，但本书的重点是研究地下开采对矿区周围环境的影响。

3.1.1.1 爆破时所产生的炮烟

爆破是矿山生产的主要作业之一。爆破后不能立即进入工作面，因为现代各种工业炸药爆破分解都是建立在可燃物质（如碳、氢、氧等）汽化的基础上。当炸药爆炸时，除产生水蒸气和氮外，还产生二氧化碳、一氧化碳、氮氧化物等有毒有害气体，统称为炮烟。它会直接危害工人的安全和健康。

3.1.1.2 柴油内燃机工作时所产生的废气

井下使用柴油动力的无轨设备能使劳动生产率大大提高，但柴油机工作时排出的废气对工人的危害较大。因为柴油是由碳（85%～86%）、氢（13%～14%）和硫（0.05%～0.7%）组成，柴油的燃烧一般不是理想的完全燃烧，它会产生很多局部氧化和不燃烧的东西。所以，柴油机排出的废气是各种成分的混合物，其中以氮氧化合物（主要是氧化亚氮和二氧化氮）、一氧化碳、醛类和油烟等四类成分含量较高，毒性较大，是柴油机废气中的主要有害成分。一般柴油机废气中氮氧化物的体积分数为0.005%～0.025%，一氧化碳的体积分数为0.016%～0.048%。所以应进一步了解一氧化碳和氮氧化物的特点，才能清楚地知道它们的危害及其预防方法。

3.1.1.3 硫化矿物的氧化

在开采含硫矿床时，硫化矿物缓慢氧化除产生大量的热外，还会产生二氧化硫和硫化氢气体。如：

$$FeS_2 + 2H_2O \longrightarrow Fe(OH)_2 + H_2S + S$$

$$CaS + H_2O + CO_2 \longrightarrow CaCO_3 + H_2S$$

$$Fe_7S_8 + O_2 \longrightarrow 7FeS + SO_2$$

在含硫矿岩中进行爆破工作，或硫化矿尘爆炸以及坑木腐烂和硫化矿物的水解都会产生二氧化硫和硫化氢气体。

3.1.1.4 井下火灾

当井下失火引起坑木燃烧时，由于井下氧气供应不充分会产生大量一氧化碳，如一架棚子（直径为180mm、长2.1m的立柱两根和一根长2.4m的横梁，体积为0.17m^3）燃烧所产生的CO约为97m^3，这么多的CO足以使断面为4～5m^2的巷道在2km长范围以内的空气中CO含量达到致命的浓度。

3.1.1.5 通风排放废气

金属矿地下开采的工作空间位于地下，安全规程规定：矿井应建立机械通风系统。对于自然风压较大的矿井，矿井的风量、风速和作业场所空气质量能够达到安全规程的规定时，允许暂时用自然通风替代机械通风。无论采用何种通风方式，地下开采的通风系统会将井下的污风通过风井排出地表，污染周围的环境。

3.1.2 地下开采矿山粉尘的产生

3.1.2.1 地下开采矿山生产企业生产工艺过程

金属矿山井下开采可分为掘进、采矿、运输、充填等基本过程。

（1）掘进，是采矿前的准备工作，指在岩层中开凿巷道使其通向矿脉的作业过程。主要工序包括凿岩、爆破、装岩、运输和支护等。开凿巷道目前仍以凿岩爆破方法为主，这是巷道掘进的主要工序。首先用风钻或电钻在坚硬的岩石上钻眼，然后装入炸药，将岩石爆破下落，用矿车运出爆落的岩石后，清理隧道并架设支架（岩石稳固性好可不架设支架）即成巷道。支架的作用是为了防止巷道围岩变形和坍塌，并保证矿石运输、通风和矿工进出安全。支架材料可用木材、钢材或混凝土等。

（2）采矿，是指把含有矿石的岩层采掘下来。

（3）运输，采掘的矿石、岩石等经运输巷道运到车场，再用提升机、绞车或皮带运输机等设备将其运送到地面。

（4）地压管理，金属矿开采后一般采用空场、充填、崩落围岩等方法进行地压管理。

煤矿的开采与金属矿山的开采基本相同，也分为井下开采和露天开采。井下开采的基本过程也包括掘进、采矿、运输、充填等，但其中主要的是采矿。

采矿是指把含有矿石的岩层采掘下来，在采煤中又称为回采。在采煤时，对薄煤层或中厚煤层可一次性把整个煤层采出，厚煤层则需逐层开采。开采煤层的工人称为采煤工。采煤工序为落煤、装煤、运煤、支架和顶板管理等。由于机械化程度不同，劳动条件差别很大，可分手工、机械和水力采煤。

3.1.2.2 地下开采矿山生产企业存在生产性粉尘的主要环节

生产性粉尘是采矿作业中的主要职业性有害因素，矿井内许多生产过程，如钻孔、放炮、采矿、运输等都能产生大量粉尘。作业环境的粉尘浓度、分散度及二氧化硅含量取决于井下开采方式和岩层的地质结构。在凿岩中，干式凿岩的粉尘浓度远远高于湿式凿岩，有报道称干式凿岩时粉尘浓度可达1000mg/m^3 以上。随着机械化程度提高和湿式作业的加强，在规模较大的矿山，作业点的粉尘浓度合格率有很大提高，但在一些小型矿山中，由于机械程度差，粉尘浓度超标率相当高，尘肺仍是采矿工人的主要职业病。

3.1.2.3 地面运输产生废气

地下开采的矿山，矿石提升到地表后，一般还要完成地面运输，矿石采用铁路或汽车运往选矿厂，提升上来的废石运往废石场，还有材料和设备的运输。

在地面运输过程中，矿石废石的翻卸、途中运输颠簸及受风力的作用都会产生废气（粉尘）。汽车运输的路面也会产生粉尘，汽车还会产生尾气。

3.1.2.4 废石堆产生粉尘

金属矿地下开采一般会产生大约10%的废石，这些废石需要提升到地面排弃，大量废石排弃形成废石堆。废石堆在外力作用下产生大量粉尘，污染周围环境。

3.1.3 露天开采废气的产生

当矿藏露出地面或埋藏较浅时，则采用露天开采方式。露天开采主要分为钻孔、爆破、采装、运输等工艺过程。露天开采效率较高，劳动条件好，安全性高。露天开采由于采用大揭露敞开式的开采方式，以及露天开采工艺的特点，露天采矿比地下采矿产生废气粉尘的数量及范围都要大。露天采矿过程中，穿爆、采装、运输、排卸等全部生产环节都有废气粉尘产生，且运输汽车排出的尾气逸散到空气中对大气也造成了严重污染。

3.1.3.1 露天采矿穿孔产生粉尘

在露天矿山利用各种钻机穿孔作业时，都是依靠加压、回转机构通过钻杆，对钻头提供足够大的轴压力和回转扭矩，钻头在岩石上同时钻进和回转，对岩石产生静压力和冲击动压力作用。钻头在孔底滚动中连续地挤压、切削冲击破碎岩石，有一定压力和流量流速的压缩空气，经钻杆内腔从钻头喷嘴喷出，将岩碴从孔底沿钻杆和孔壁的环形空间不断地吹至孔外，形成大量粉尘。

3.1.3.2 采矿爆破产生粉尘

炸药在岩石内爆炸后，引起岩体产生不同程度的变形和破坏。根据炸药能量的大小、岩石可爆性的强弱和炸药在岩体内的相对位置，岩体的破坏作业可分为近区、中区和远区三个主要部分，即压缩粉碎区、破裂区和震动区三个部分。其中，压缩粉碎区是直接与药包接触且临近的那部分岩体。当炸药爆炸后，产生两三千摄氏度以上的高温和几万兆帕的高压，形成每秒数千米速度的冲击波，伴之以高压气体在微小量级的瞬时内作用在紧靠药包的岩壁上，致使近区的坚固岩石被击碎成为微小的粉粒，产生大量粉尘及炮烟。

3.1.3.3 采装工作产生粉尘

采装工作是指在露天采场中用挖掘机、前装机、轮斗挖掘机、铲运机等设备和方法将矿岩从爆堆或台阶中挖出，并装入运输或转载设备，或直接卸在指定地点的工艺过程。在此过程中，无论挖岩、装岩还是卸岩都会产生大量粉尘，污染环境和大气。

3.1.3.4 运输工作产生粉尘

露天矿运输的任务是将采场采出的矿石运送到选矿厂、破碎站或储矿场，把剥离的岩土运送到排土场，将生产过程中所需的人员、机械设备及材料运送到作业地点。常用的运输方式有自卸汽车运输、铁路运输、带式输送机运输、重力运输和联合运输。在运输过程中，除了矿岩装卸时产生大量粉尘外，矿岩的散落、运输车辆的碾压、汽车的尾气等都产生大量空气污染物。

3.1.3.5 露天采场产生粉尘

露天采矿一般规模较大，采场暴露面积大，在风的作用下会产生大量扬尘。

3.1.3.6 排土工作产生粉尘

露天开采的一个重要特点就是要剥离覆盖在矿床上部及其周围的表土和岩石，并将其运至专设的场地，以一定的方式进行堆放。根据运输方式和排岩设备的不同分为汽车运输－推土机排岩、铁路运输－挖掘机排岩、胶带排土机排岩、捣堆吊斗铲排岩等。表土和岩石在排卸过程中，从高处下落时由于气流和粉尘的剪切作业，被物料挤压出来的高速气流会带着粉尘向四周飞溅，另外，粉尘在下落过程中，由于剪切和诱导空气作用，高速气流也会使部分物料飞扬，这都将产生大量粉尘，还有，排土场废石经风化后，其中的有毒重金属元素（铅、镉、汞、铜、钴）等通过扬尘会进入空气。

3.1.4 选矿产生废气

3.1.4.1 选矿厂产生废气（粉尘）

选矿过程是由选前的矿石准备作业、选别作业和选后的脱水作业所组成的连续生产过程。为了从矿石中选出有用矿物，首先必须将矿石粉碎，使其中的有用矿物和脉石达到单体解离，这一过程由破碎筛分作业和磨矿分级作业完成，矿石在破碎和运输过程中将产生大量粉尘。经过破碎和磨矿达到单体解离的矿石，无论通过浮游选矿、磁力选矿、重力选矿还是通过化学选矿的方法，将其中有用矿物和脉石矿物进行分离的过程，需要大量的水和化学药剂，在整个生产工艺过程中，必然有大量的化学药剂随着水分挥发到空气中造成空气的污染。

3.1.4.2 尾矿库产生废气（粉尘）

废弃不用的尾矿库如果不及时复垦，风干后会产生大量粉尘，由于尾矿颗粒微细，稍有风力就能产生扬尘，严重污染空气，影响人身健康和植物生长。

3.2 矿山生产企业产生废水

在矿山生产企业生产过程中消耗大量的清水，排出大量的废水，其中夹带许多物质，如重金属、有毒化学品、酸碱、有机物、油类、悬浮物以及放射性物质等，这是造成地面水和地下水污染的主要来源。

3.2.1 地下采矿产生废水

3.2.1.1 矿井排水

矿坑水也称为矿井水，主要由下列水源组成：地下水及老窿水涌入巷道；采矿生产工艺形成的废水；地表降水或冰雪融化通过裂隙、地表土壤及松散岩层或其他与井巷相连的通道流入井下或露天矿场的积水。

矿井涌水量主要取决于矿区地质、水文地质特征、地表水系的分布、岩层土壤性质、采矿方法及气候条件等因素。

矿坑水的性质和成分与矿床的种类、矿区地质构造、水文地质特性等因素密切相关。此外，地下水的性质对矿坑水的性质及成分也有影响。但是，矿坑水在成分和性质上比地下水复杂得多，不要把矿坑水和地下水混为一谈。

（1）地下水是矿坑水的一个主要来源。地下水的基本特点是，悬浮杂质含量较少，比较透明清晰，有机物和细菌含量较少，受地面的污染较小，但溶解盐含量高，硬度和矿化度较大。

地下水水质特征随其距地表深度变化而不同。近地表区多为氧化物介质，水交换活跃，因此多呈现淡水、碳酸盐类水。再往深处转为碳酸盐-硫酸盐水和硫酸盐-碳酸盐水类水。中深段（距地表500～600 m）的地下水水交换缓慢，且接触的多为还原介质，水具有较大的矿化度。再往深部为水停滞区，深部的地下水是含有很浓的氯化物盐类的水。

（2）沿井巷流动的地下水和采矿用水所形成的矿坑水，都溶解和掺入了各种可溶物质的分子、离子、气体，以及混入了各种固体微粒、油类、脂肪及微生物等，这使水的成分发生显著变化。此外，地下水也可能含有某种有害气体（如氡等），它们从水中逸出，会造成对空气环境的污染。

矿坑水中常见的离子种类很多并含有大量微量元素，如：钛、砷、镍、铍、镉、铁、铜、钼、银、锡、碲、锰、铋等。可见，矿坑水是含有多种污染物质的废水，其被污染的程度和污染物种类对不同类型的矿山是不同的。

矿坑水污染可分为矿物污染、有机物污染及细菌污染，在某些矿山中还存在放射性物质污染和热污染等。矿物污染有沙泥颗粒、矿物杂质、粉尘、溶解盐、酸和碱等。有机污染物有煤炭颗粒、油脂、生物代谢产物、木材及其他物质氧化分解产物。矿坑水不溶性杂质主要为大于100 μm的粗颗粒，以及粒径在100～0.1μm和0.1～0.001μm的固体悬浮物和胶体悬浮物，矿井水的细菌污染主要是真菌、肠菌等微生物污染。

矿坑水的总硬度多在30以上，因此，矿坑水多为最硬水，未经软化是不能用做工业用水的。通常，矿坑水的pH值在7～8之间，属弱碱性，但是含硫的金属矿山的矿坑水中SO_4^{2-}较多，大都是酸性水。

3.2.1.2 废石堆渗流水

废石（尾矿）是矿山开采及选矿生产过程中形成的数量巨大的产物，尤其是在露天矿中，废石排放量更大。这些含有一定矿石成分的废石在大量堆积的情况下，其所含有的硫化矿物会不断与水或水蒸气接触，不断氧化分解，甚至还形成浓度较高的硫酸盐，从而不断形成酸性水。同时，废石堆表面层的废石物料不断地风化，陆续暴露新的硫化铁矿物，发生的氧化反应较充分时，可产生浓度很高的酸性溶液（即高浓度的硫酸盐）。当降水或降雪融化时，便因大量外泄，造成附近地区的环境污染。

从废石堆泄出的废水中所含硫酸铁、硫酸亚铁每升可高达几千微升，由于酸性大和有毒盐类高度集中，使在废石堆上进行种植十分困难，并使地表水质恶化，河流中大量鱼类死亡，生物群毁灭，造成严重的环境问题。

3.2.2 露天采矿产生废水

3.2.2.1 采矿场排水

采矿场产生酸性污水的起因与废石场、尾矿池相似，主要是在采场由于地表径流与矿物和废石中含硫物质、重金属元素等发生物理或化学作用产生酸性污水。

另外，在矿山未开采前，由于自然的淋蚀作用，赋存于地下（或有露头）的矿体本身也存在对环境的污染。酸性水主要来源于矿体露头及强烈矿化带的围岩被溶化、淋蚀的地下水。在未开采前是以泉水和老窿水形式流出，开采后是从坑道直接排出。其特点是酸度高、金属离子含量多、流量大。酸性水还严重地污染了矿区周围的农田土壤，并会对当地居民的身体健康造成不良影响。

3.2.2.2 排土场产生废水

露天开采对矿区水文地质条件的影响程度取决于矿山规模、开采深度、地下水位岩石透水特性等。排土场的废石经受风吹、日晒和雨淋，发生物理风化剥蚀和化学风化，其中，有毒重金属元素（如铅、镉、汞、铜、钴等）、溶解的盐类及悬浮未溶解的颗粒状污染物通过雨水的淋溶作用，流入地表水体后使水质发生变化，也可能进入地下水系造成对地下水的污染。酸性废水是矿山产生的另一重要污染源。酸性废水是尾矿库、废石堆或暴露的硫化物矿石氧化形成的水体。酸性废水不但溶解大量可溶性的 Fe、Mn、Ca、Mg、Al、SO_4^{2-}，而且溶解重金属 Pb、Cu、Ni、Co、As、Cd 等。酸性废水使供水变色、浑浊，并污染地表、地下水，导致水的生态环境严重恶化。

3.2.3 选矿产生废水

3.2.3.1 选矿厂产生废水

选矿厂的生产过程中需用矿石量几倍乃至十几倍的生产用水。这些水里不仅含有从矿石中浸出的各种可溶性物质，同时还含有因选别作业而加入的各种化学药剂，经过脱水以后除一部分化学药剂被精矿带走外，很大一部分进入尾矿，产生大量污水。因需维持厂内生产环境的清洁卫生，需用水冲洗地板和擦洗机器，以及设备的渗漏、矿浆的外溢和事故排矿等原因也将产生一部分污水。

3.2.3.2 尾矿库产生废水

尾矿池产生的酸性渗流水是矿山酸性水又一来源。在处理尾矿工艺中，最为棘手和涉及面最广的问题即为处理尾矿池中渗出的酸性水问题。尾矿池中渗出的污水中，不仅含有酸性物质，而且还含有有害的重金属离子、溶解的盐类及未溶解的微小悬浮颗粒物。

3.3 矿山企业生产固体废物

3.3.1 固体废物概述

固体废物也称为废物，是指在矿山生产过程中丢弃的废石。废物是一个相对概念，在某种条件下它为废物，在另一种条件下却可能成为宝贵原料。因此，固体废物有“放错位置的原料”之称。在固体废物中，凡具有毒性、易燃性、反应性、腐蚀性、爆炸性、传染性的废物，称为危险废物。

固体废物的处理是指经过采取一定的防止污染措施后，排放于可允许的环境或暂储于特定的设施中，待具备适宜的经济技术条件时，再加以利用或进行无害化的最终处置。固体废物的处置是指固体废物的最终处理，是解决固体废物的最终归宿问题。

3.3.2 矿山企业固体废物的来源

3.3.2.1 地下采矿产生废石

当矿产资源埋藏深度过大，采用露天开采在技术上、经济上不合理，或者考虑到环境保护及其他要求不能进行露天开采时，必须进行地下开采。地下开采是指开凿一系列巷道由地表进入矿体，对矿产资源进行回采的一种开采方法。地下开采有两大任务，一是掘进巷道，二是开采矿石。两个任务合起来简称为采掘，它是矿井生产的中心任务。为了保证采掘工作高效、安全、顺利地进行，还必须建立矿井运输、供电、供水、压气、通风、排水、通信等系统。建立和维持这些系统正常运行的工作都是矿井生产的辅助工作。这些系统的建立和这些辅助工作的开展都以矿井巷道系统为基础，因此，在保证采矿方法的核心地位的同时，巷道系统的建立必须考虑所有这些系统的工作，所以井巷工程、硐室工程的布置和建立，矿石回采中采准和切割的布置，必然有一部分在矿体内，而绝大部分布置在矿体外，这样势必会产生大量废石。此废石一部分作为充填料充填在采空区，另一部分通过提升运输系统运到地表，形成毛石坡。

3.3.2.2 露天采矿排弃岩土

露天开采中，必须剥离矿体上覆的废石（包括表土）才能开采矿石。因此，废石排弃工作是露天开采中必不可少的生产环节。由于金属露天矿的剥采比一般都大于1，废石的剥离量通常比矿石的采掘量大，因此，废石的排弃工作量与排土场的占地都相当大。据统计，我国金属露天矿山排土场的平均占地面积约为矿山总占地面积的39% ~55%，排土工程涉及废石的排弃工艺选择、排土场的建立与发展规划、排土场的稳固性检测与维护等，这些都产生大量废石。

3.3.2.3 选矿产生尾矿

选矿是利用矿物的物理性质或物理化学性质的差异，借助各种选矿设备将矿石中的有用矿物和脉石矿物分离，并达到使用矿物相对富集的过程。自然界虽然蕴藏着极为丰富的矿产资源，但除少数富矿外，一般品位都较低。在从矿石中选出有用矿物后剩下的矿渣称为尾矿。一般地，尾矿以浆状排出，堆放在尾矿库里。尾矿库是筑坝拦截谷口或围地构成的用以储存尾矿的场所。尾矿库从地形分为山谷型尾矿库、傍山型尾矿库、平地型尾矿库、河谷型尾矿库。这些固体废物可通过多种途径污染大气，如一些有机固体废物在适宜的温度和湿度下被微生物分解，释放出有害气体；尾矿在4级以上风力作用下，可飞扬40 ~50m，使其周围灰砂弥漫；长期堆放的硫含量高的尾矿，会向大气中散发大量的SO_2、CO_2、NH_3等气体，对大气造成严重的污染。

4 矿山产生“三废”的危害

矿产资源是人类社会文明必需的物质基础。随着工农业生产的发展，世界人口剧增，人类精神、物质生活水平的提高，社会对矿产资源的需求量日益增大。矿产资源的开发、加工和使用过程不可避免地要破坏和改变自然环境，产生各种各样的污染物质，造成大气、水体和土壤的污染，并给生态环境和人体健康带来直接或间接的、近期或远期的、急性或慢性的不利影响。事实证明，一些国家或地区的环境污染状况，在某种程度上总是和这些国家或地区的矿产资源消耗水平相一致。同时，矿产资源是一种不可再生的自然资源，所以，开发矿业所产生的环境问题日益引起各国的重视：一方面是保护矿山环境，防治污染；另一方面是合理开发利用，保护矿产资源。

通常将矿产资源在开采、加工和使用过程中产生的废气、废水和废石统称为“三废”，现将“三废”所带来的环境危害问题简述如下。

4.1 矿山产生废气的危害

大气污染是矿区污染的一种。矿区地面空气污染物主要来源于露天开采的矿岩风化，大爆破生成的有毒气体、粉尘，汽油、柴油设备产生的尾气，采选的固体堆积物氧化、水解产生的有害气体和由矿井排出的废气。在一定条件下，这些污染物之间，以及它们与空气原有组分之间会进行一系列的化学反应，转化形成新的污染物。其中，最经常发生的和对人类生活有较大影响的是两类化学反应过程：一是生成硫酸盐或硝酸盐气溶胶的反应；二是生成光化学烟雾的反应。

4.1.1 矿山粉尘的危害

矿山粉尘主要有以下几方面危害：

（1）有毒矿尘（如铅、锰、砷、汞等）进入人体能使血液中毒。

（2）长期吸入含游离二氧化硅的矿尘或煤尘、石棉尘，能引起职业性的尘肺病（矽肺病、煤肺、石棉肺……）。

（3）某些矿尘（如放射性气溶胶、砷、石棉）具有致癌作用，是造成矿工患肺癌的主要原因之一。

（4）矿尘落于人的潮湿皮肤上与五官接触，能引起皮肤、呼吸道、眼睛、消化道等炎症。

（5）沉降在设备及仪器上能加速设备的磨损，妨碍设备的散热，从而导致设备事故。

（6）硫化矿尘及煤尘与空气混合时，在一定条件下能引起爆炸，造成人身、设备及资源的巨大损失。

4.1.2 废气中硫氧化物的危害

二氧化硫是燃料燃烧排放的主要大气污染物之一，在大气中比较稳定。在清洁空气里，无阳光照射的“黑暗”条件下，SO_2 和 O_2 的反应几乎可以忽略不计，但它从排放源排出后就会在烟尘中和污染大气中氧化成硫酸或硫酸盐气溶胶。SO_2 在大气中的氧化作用主要通过两条途径，即发生光化学氧化作用和催化作用。

4.1.2.1 二氧化硫的光化学作用

A SO_2 的直接氧化

在低层大气中，SO_2 的主要光化学过程是形成激发态 SO_2 分子，而不是直接解离。SO_2 吸收阳光中的两个吸收光谱，一个在290nm的吸收光谱，一个在384nm处，进行两种电子允许跃迁，产生强、弱吸收带，但不发生光解，如：

$$SO_2 + h\nu\ (290 \sim 340\text{nm}) \longrightarrow {}^1SO_2\ (\text{单重态})$$

$$SO_2 + h\nu\ (340 \sim 400\text{nm}) \longrightarrow {}^3SO_2\ (\text{三重态})$$

能量较高的单重态分子，可按以下过程跃迁到三重态或基态，如：

$$\left.\begin{aligned} {}^1SO_2 + M &\longrightarrow SO_2 + M \\ {}^1SO_2 + M &\longrightarrow {}^3SO_2 + M \end{aligned}\right\} \tag{4-1}$$

在大气条件下，激发态二氧化硫主要是以三重态 ${}^3SO_2$ 形式存在，${}^1SO_2$ 不稳定，可按式（4-1）反应转化为 ${}^3SO_2$。

在空气中，SO_2 光氧化为 SO_3 的机制是：

$${}^3SO_2 + O_2 \longrightarrow SO_4 \longrightarrow SO_3 + O$$

或

$$SO_4 + SO_2 \longrightarrow 2SO_3$$

B SO_2 的间接光氧化

气态 SO_2 在光化学反应活跃的大气中能与强氧化性自由基（如OH基、HO_2 基、RO基、RO_2 基等）反应而被氧化，这称为 SO_2 的自由基氧化。

这些大气中的自由基主要来自于大气中一次性污染物 NO_x 和活性碳氢化合物相互作用过程中的中间产物，也来自光化学污染物及产物。如醛、亚硝酸和过氧化氢的整个光解反应式为：

$$SO_2 + OH\ (+O_2 + H_2O) \longrightarrow H_2SO_4 + HO_2$$

4.1.2.2 二氧化硫的催化氧化

在清洁大气中，以均相氧化反应 SO_2 非常缓慢地氧化为 SO_3，但在非均相反应中的一

种方式是 SO_2 被气溶胶中的水滴吸着，然后再氧化为 SO_4^{2-}。并且在有金属盐（如铁、锰）存在时能很快地被溶解氧化成硫酸，整个反应可表示为：

$$2SO_2 + 2H_2O + O_2 \xrightarrow{\text{催化}} 2H_2SO_4$$

这个反应的催化剂包括某些金属盐，例如锰和铁的硫酸盐和氯化物，它们常作为悬浮的微粒物质存在于空气中。在湿度较高时，这些粒子可成为凝聚核或水合成液滴。液体气溶胶可吸收 SO_2 和 O_2，并随之在液相发生氧化反应。当液滴的酸性变高时，氧化作用会显著减缓，这是因为 SO_2 的溶解度减少了，若大气中有足够的 NH_4^+ 存在时，则氧化作用不因 H_2SO_4 的积聚而受阻碍，可继续增加 SO_2 的氧化速率。以 $(NH_4)_2SO_4$ 气溶胶颗粒物的形成为例，其反应为：

$$\underset{\text{（气）}}{NH_4 + SO_2} \xrightarrow{H_2O} \underset{\text{（固）}}{NH_3 \cdot SO_2} \xrightarrow{H_2O} NH_3 \cdot SO_3 \xrightarrow{\text{氢化}} (NH_4)_2SO_4$$

4.1.3 废气中氮氧化物的危害

大气中的含氮化合物有 N_2O、NO、NO_2、NH_3、NO_2^-、NO_3^- 及 NH_4^+ 等，其中，NO 和 NO_2 在大气环境的化学过程中，尤其在污染大气中，起着很重要的作用。NO_2 的光分解引发了一系列的反应，这是对流层大气中 O_3 的一个来源。NO 和 NO_2 与 O_3 之间存在着的化学循环是大气光化学过程的基础，它可以生成硝酸和硝酸盐的气溶胶。

4.1.3.1 二氧化氮的光化学反应

当大气中 NO 与 NO_2 和阳光同时存在时，O_2 就作为 NO_2 光分解的产物而生成，其基本反应为：

$$NO_2 + h\nu\ (290 \sim 340\text{nm}) \longrightarrow NO + O^* \tag{4-2}$$

$$O^* + O_2 + M \longrightarrow O_3 + M \tag{4-3}$$

式（4-2）和式（4-3）是 O_3 在大气中的唯一化学反应源，其中，M 为空气中的 N_2、O_2 或其他分子介质，可以吸收过剩的能量而使生成的 O_3 分子稳定。但是，O_3 一旦生成就会与 NO 再反应生成 NO_2，反应为：

$$O_3 + NO \longrightarrow NO_2 + O_2 \tag{4-4}$$

假设仅有上述式（4-2）~式（4-4）发生，在大气中无其他反应干预下，O_3 浓度取决于$[NO_2]/[NO]$（摩尔浓度比）。

4.1.3.2 氮氧化物的催化氧化反应

大气中的氮氧化物形成的气溶胶以 NH_4NO_3 颗粒或 NO_2 被某些颗粒物吸附的形式存在。它们可以经过均相反应和非均相反应的各种途径形成，既可在水滴中进行，也可能在非水溶液体系中进行。形成硝酸盐颗粒物的反应，初期的氧化主要是形成氮氧化物，即：

$$O_3 + NO \longrightarrow NO_3 + O$$

$$NO_3 + NO \longrightarrow N_2O_5$$

进一步反应为：

$$N_2O_5 + H_2O \longrightarrow 2HNO_3$$

$$HO + NO_2 \longrightarrow HNO_3$$

$$NO + NO_2 + H_2O \longrightarrow 2HNO_3$$

最后反应形成硝酸盐：

$$NH_3 + HNO_3 \xrightarrow{\text{微粒}} NH_4NO_3$$

N_2O_5 与 H_2O 的气相反应极为缓慢，但在颗粒物表面上能发生快速的非均相反应。大气中的微粒及液滴均促使其形成硝酸盐气溶胶。

4.1.4 大气污染光化学烟雾的形成

4.1.4.1 光化学烟雾的特征

这种污染的特征是烟雾呈蓝色，具有强氧化性，刺激人们眼睛，伤害植物叶子，能使橡胶开裂，并使大气能见度降低。这种空气中的刺激性气体为臭氧，并初次提出了有关烟雾形成的理论。他认为洛杉矶烟雾是由南卡罗来纳州的强阳光辐射引发了大气中存在的碳氢化合物（HC）和氮氧化物（NO_x）之间的化学反应造成的，并认为城市大气中，HC 和 NO_x 的主要来源是汽车尾气。因此，这种含有氮氧化物和烃类的大气，在阳光中紫外线照射下发生反应所产生的产物及反应物的混合物被称为光化学烟雾。

A 光化学烟雾的日变化曲线

图 4-1 所示为某城市某天几种污染物的每小时平均浓度，约在上午 7 时左右 CO 和 NO 浓度上升到一个极大值，这与早上运输高峰时间是一致的，在傍晚可以看到一个极小的峰值。碳氢化合物（HC）浓度虽未画出，但也有类似的情况。值得注意的是，NO_2 的晨峰推

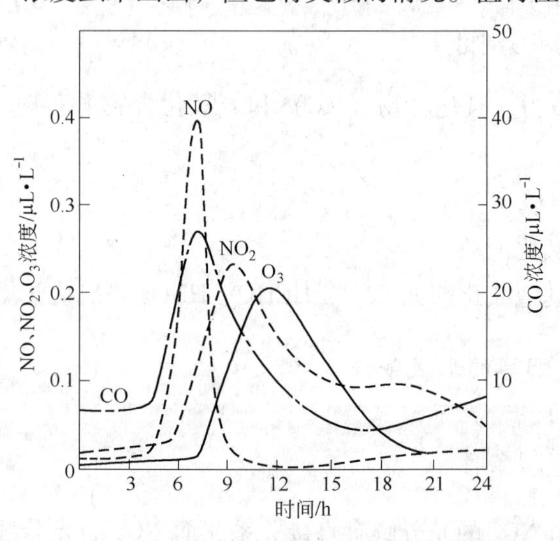

图 4-1 某城市几种污染物每小时平均浓度实测图

迟约3h，O_3 峰滞后约5h。NO_2 的晚峰不太明显，O_3 的晚峰则不出现。这天 O_3 的最大浓度为0.2 μL/L左右。

上述情况说明，NO_2 和 O_3 峰滞的原因是，它们不是污染源排出的一次污染物，而是在大气中光化学作用的产物。早晨的交通高峰所产生的汽车废气只有在白天的阳光作用下才能有重要影响，傍晚交通流量高峰期虽有一次污染物排放，但由于太阳光减弱且很快消失，因此夜间不发生光化学烟雾。

B 烟雾箱模拟曲线

为了弄清楚光化学烟雾中各种污染物的浓度随时间变化的机理，发展了烟雾箱实验。即在一大容器内通入反应气体，在人工光源照射下模拟大气光化学反应。照射碳氢化合物和氮氧化物的空气，以及照射 C_3H_6(丙烯)－NO_x－空气混合物，其结果如图4-2和图4-3所示。

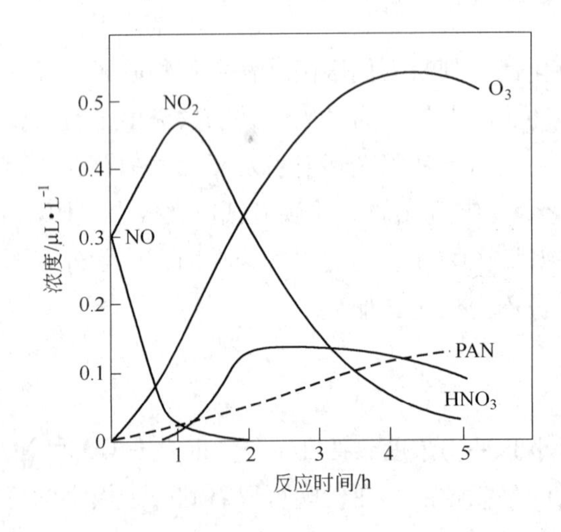

图4-2 典型烟雾箱实验中一些反应物和产物的浓度变化

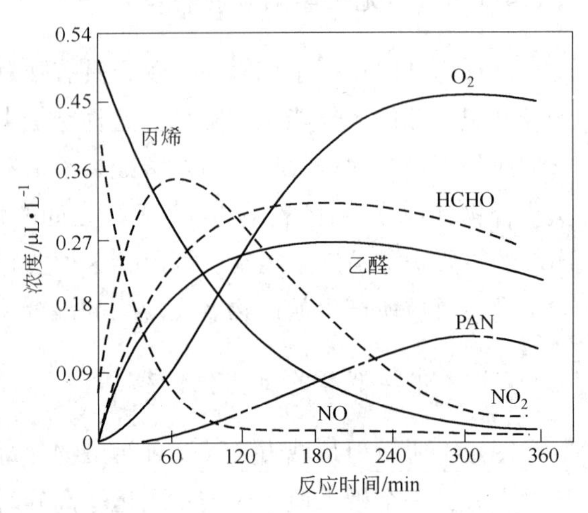

图4-3 丙烯－NO_x－空气体系中一次及二次污染物的浓度变化曲线

图4-2和图4-3表明，氢化合物（HC）和氮氧化合物共存时，在紫外线的作用下会出现：

（1）NO转化为 NO_2；

（2）碳氢化合物氧化消耗；

（3）生成臭氧及其他氧化剂如PAN、HCHO、HNO_3 等二次污染物。

4.1.4.2 光化学烟雾的形成条件

A 烟雾形成的地理条件

由于烟雾的形成与 NO_2 的光分解有直接关系，而 NO_2 的光分解又必须有290～430nm波长辐射作用才有可能。在近地层中，太阳辐射到达地面的强度受天顶角的影响。一般太

阳天顶角 θ 越小，太阳辐射就越强。$\theta > 60℃$时，由于入射角较大，光线通过大气层时路程加长，受到的大气微粒散射也较大，致使小于430nm 波长的光很难到达地面，因此不易发生光化学烟雾。从季节而言，夏季在北半球太阳入射角比冬季小，所以夏天发生光化学烟雾的可能性较冬天大。尤其是夏季中午前后光线最强时，出现烟雾的可能性较大。当天气晴朗、高温和风力不大时，有利大气污染在地面附近的聚积，易于产生这种光化学烟雾。因此，在副热高压控制地区的夏季和早秋季节常成为光化学烟雾发生的有利时节。

B 烟雾形成的污染源条件

烟雾的形成是和大气中 NO_2、碳氢化合物等污染物的存在分不开的。所以，以石油为原料的工厂排气和汽车排气等污染源的存在是烟雾形成的前提。在一些发达国家的城市中，大气污染中氮氧化合物约有47%来自汽车排气等污染源，约50%左右来自燃烧的固定污染源，加以适宜的发生条件，就会形成光化学烟雾，造成大气污染问题。

C 光化学烟雾形成的步骤

光化学烟雾形成的步骤是：

（1）空气中的 NO_2 吸收紫外光后发生光分解反应，产生活泼的氧原子，即：

$$NO_2 \longrightarrow NO_2^* \longrightarrow NO + O$$

NO_2 最易吸收 $0.3\mu m < \lambda < 0.43\mu m$ 的紫外光而发生分解反应。

（2）原子氧与 NO、O_2、HC 反应，生成一系列中间产物或最终产物。即：

$$NO + O + M \longrightarrow NO_2 + M$$

$$O + O_2 + M \longrightarrow O_3 + M$$

$$O + HC \longrightarrow R^* + RCO^*$$

反应式中 M 是其他物质分子；R^* 和 RCO^* 均含有未配对电子，是具有较高反应活性的游离基。

（3）臭氧分子与 HC 反应生成酰类游离基和醛或酮：

$$O + HC \longrightarrow RCO_2^* + \frac{RCHO\text{（醛）}}{R_2CO\text{（酮）}}$$

（4）酰类游离基被 NO 还原后，再被氧分子氧化成过氧化酰类游离基：

$$RCO_2^* + NO \longrightarrow NO_2 + RCO^*$$

$$RCO^* + O_2 \longrightarrow RCO_3^*$$

（5）过氧化酰类游离基与 NO_2 反应生成过氧化酰硝酸酯。

这些二次污染物就称为光化学烟雾。

4.2 矿山产生废水的危害

4.2.1 矿坑水对矿山生产的危害

矿山建设和生产时期，地下水、地表水以及大气降水通过岩石的空隙，以滴水、淋水、涌水和突然涌水等方式流入露天矿坑和下巷道中，这种水称为矿坑水。矿坑水除了增大建设投资和生产成本外，还给矿山安全生产造成危害，主要有以下几方面危害：

(1) 在建井时期，当涌水量过大时，增加投资，妨碍施工进度，影响建井质量，需要采取治理措施。

(2) 具有侵蚀性的矿坑水能腐蚀露天矿坑和井巷中的各种金属设备（如轨道、支架和各种采掘机械），污染作业环境。

(3) 矿坑水降低坑道的顶板、底板和边帮的稳固性，增加支护和维护的难度。

(4) 在露天矿山，地下水往往破坏边坡的稳定，造成边坡坍塌和滑坡事故，影响正常生产，甚至被迫停产。

(5) 当地质情况不清，突然遇到大量涌水时，会造成井下采场、巷道淹没事故，造成大量人员伤亡和设备毁坏。据统计分析，井下透水事故是我国地下矿山危害较严重的事故之一。如 2001 年 7 月 17 日广西南丹县大厂矿区拉甲坡矿特大透水事故，一次死亡 81 人。

4.2.2 选矿废水的危害

在处理尾矿工艺中，最为棘手和涉及面最广的问题即为处理尾矿池中渗出的酸性水问题。尾矿池中渗出的污水中，不仅含有酸性物质，而且还含有有害的重金属离子、溶解的盐类及未溶解的微小悬浮颗粒物。

4.2.3 矿山废水中的主要污染物及其危害

概括起来，水体中的污染物可分为 4 大类，即无机无毒物、无机有毒物、有机无毒物和有机有毒物。无机无毒物主要是指酸、碱及一般无机盐和氮、磷等植物营养物质；无机有毒物主要是指各类重金属（汞、铬、铅、镉）和氰、氟化物等；有机无毒物主要是指在水体中比较容易分解的有机化合物，如碳水化合物、脂肪、蛋白质等；有机有毒物主要是苯酚、多环芳烃和各种人工合成的具有积累性的稳定的化合物，如多氯联苯农药等。有机无毒物的污染特征是消耗水中溶解氧；有机有毒物的污染特征是具有生物毒性。

除上述 4 类污染物质外，还有常见的恶臭、细菌、热污染等污染物质和污染因素。

一种物质排入水体后是否会造成水体污染，主要取决于：该物质的性质及其在废水中的浓度；含这种物质的废水排放总量以及受污染水体的特性和它吸收污染物质的容量。

下面简述矿山废水中主要污染物质及其危害。

4.2.3.1 有机污染物

有机污染物是指生活污水和废水中所含的碳水化合物、蛋白质、脂肪、木质素等有机化合物。矿山废水池和尾矿池中植物的腐烂，可使废水中有机成分含量很高。矿山选矿厂、炼焦炉以及分析化验室排放的废水中含有酚、甲酚、萘酚等有机物，它们对水生物极为有害。

4.2.3.2 油类污染物

油类污染物是矿山废水中较为普遍的污染物。水面存在的油膜不仅给人以讨厌的感觉，而且当油膜厚度在 10^{-4}cm 以上时，它会阻碍水面的复氧过程，阻碍水分蒸发和大气与水体间的物质交换，改变水面的发射率和进入水面表层的日光辐射，这种情况对局部区域气候可能造成影响，而主要是影响鱼类和其他水生物的生长繁殖。

4.2.3.3 酸、碱污染

酸、碱污染是矿山水污染中较普遍的现象。一般水体内的酸有70%来自矿山排水，尤其是煤矿排水中含酸最多。

在矿山酸性废水中，一般都含有金属和非金属离子，其质和量与矿物成分、含量、矿床埋藏条件、涌水量、采矿方法、气候变化等因素有关。我国几个矿山井下和废石场废水中的 pH 值和有害物质含量见表 4-1。

表 4-1 几个矿山废水中的 pH 值及有害物质含量

有害元素	湘潭锰矿	东乡铜矿	丁家铜矿	凹山铁矿	大冶铁矿	潭山硫铁矿
pH 值	3~3.8	1.8~4.2	2~3	1.7	4~5	2~3
总酸度/mg·L^{-1}	4000~5000		506			
SO_4^{2-}/mg·L^{-1}				7789		4120
Cu^{2+}/mg·L^{-1}		4.2~27.2	20~80		170~400	
Fe^{3+}/mg·L^{-1}		18~4711		465		
Fe^{2+}/mg·L^{-1}		7.8~5033		9.1		
总铁/mg·L^{-1}	10~25		10~800			926
Mn^{2+}/mg·L^{-1}	600~800					
Al^{3+}/mg·L^{-1}	50~190					
Mg^{2+}/mg·L^{-1}	200~300					
Ag/mg·L^{-1}						1.6

酸性废水排入水体后，使水体 pH 值发生变化，消灭或抑制细菌及微生物的生长，妨碍水体自净；还可腐蚀船舶和水工构筑物；若天然水体长期受酸碱污染，可使水质逐渐酸化或碱化，从而产生生态影响。

酸、碱污染不仅改变水体的 pH 值，而且还大大增加水中一般无机盐和水的硬度。酸、碱与水体中的矿物相互作用产生某些盐类，水中无机盐的存在能增加水的渗透压，对淡水生物和植物生长有不良的影响。

4.2.3.4 氰化物

矿山含氰化物废水的主要工艺有：浮选铅锌矿石时，每处理1t矿排出4.5～6.5m^3水，其中含氰化物20～50g，平均浓度约为4～8mg/L；在用氰化法提金时，所排放的废水也含有氰化物；电镀水中氰化物的含量为1～6mg/L。此外，高炉和焦炉冶炼生产中，煤中的碳与氨或甲烷与氨化物化合生成氰化物，一般在其洗涤水中氰化物的含量高达31mg/L。氰化物虽是剧毒污染物，但在水体中较易降解，其降解途径为：

（1）氰化物与水中二氧化碳作用生成氰化氢，挥发而出。这个降解过程可除去氰化物总量的90%。其反应式为

$$CN^- + CO_2 + H_2O \longrightarrow HCN\uparrow + HCO_3^-$$

（2）水中游离氧使氰化物氧化生成NH_4^+和CO_3^-离子，逸出水体。这个过程只占净化总量的10%。其反应式为：

$$2CN^- + O_2 \longrightarrow 2CNO^-$$

$$CNO^- + 2H_2O \longrightarrow NH_4^+ + CO_3^{2-}$$

氰化物有剧毒，一般人只要误服0.1g左右的氰化钠或氰化钾就会死亡，敏感的人甚至服用0.06g就致死。当水中CN^-含量达0.3～0.5mg/L时，便可使鱼类死亡。

4.2.3.5 重金属污染

在废水污染中，重金属是指原子序数在21～83范围内的金属，矿山废水中的重金属主要有汞、铬、镉、铅、锌、镍、铜、钴、锰、钛、钒、钼和铋等，特别是前几种危害更大。如汞进入人体后被转化为甲基汞，在脑组织内积累，破坏神经功能，无法用药物治疗，严重时能造成全身瘫痪甚至死亡。镉中毒时引起全身疼痛，腰关节受损，骨节变形，有时还会引起心血管病。

重金属毒物具有以下特点：

（1）不能被微生物降解，只能在各种形态间相互转化、分散，如无机汞能在微生物作用下转化为毒性更大的甲基汞。

（2）重金属的毒性以离子态存在时最严重，金属离子在水中容易被带负电荷的胶体吸附，吸附金属离子的胶体可随水流迁移，但大多数会迅速沉降，因此，重金属一般都富集在排污口下游一定范围内的底泥中。

（3）能被生物富集于体内，既危害生物，又通过食物链危害人体。如淡水鱼能富集汞1000倍、镉300倍、铬200倍等。

（4）重金属进入人体后，能够和生理高分子物质，如蛋白质和酶等发生作用而使这些生理高分子物质失去活性，也可能在人体的某些器官上积累，造成慢性中毒，其危害有时需几十年才能显现出来。

被重金属污染的矿山排水随灌渠水进入农田时，除流失一部分外，另一部分被植物吸

收，剩余的大部分在泥土中聚积，当达到一定数量时，农作物就会出现病害。土壤中含铜达20mg/kg时，小麦会枯死，达到200mg/kg时，水稻会枯死。此外，重金属污染了的水还会使土壤盐碱化。

4.2.3.6 氟化物

天然水体中氟的含量变化为每升零点几至十几毫克，地下水特别是深层地下热水中，氟的含量可达每升十几毫克。饮用水中氟的含量过高或过低均不利于人体健康。萤石矿的废水中含有氟化物，因为这种废水通常都是硬水，其中氟形成钙或镁沉淀下来，因此不表现出很大的毒性，而软水中的氟毒性却很大。

4.2.3.7 可溶性盐类

当水与矿物、岩石接触时，会有多种盐类溶解于水中，如氯化物、硝酸盐、磷酸盐等。低浓度的硝酸盐和磷酸盐是藻类营养物，可以促进藻类大量生长，从而使水失去氧；硝酸盐类、磷酸盐类浓度高的水，对鱼类有毒害作用。淡水中含氟的盐类不超过100mg/L，超过此值就会成为盐水（大于100mg/L）。碳酸氢盐、硫酸盐、氯化钙、氯化镁等会使水变为硬水。

除此之外，矿山废水中污染物还有放射性污染、热污染、水的浊度污染以及固体悬浮物和颜色变化等污染形式。

4.3 矿山排弃废石的危害

4.3.1 矿山废石的产生量

根据《中国环境统计年报》数据显示，1999年我国工业固体废物产生量为7.84亿吨，其中，尾矿、煤矸石、粉煤灰、炉渣、冶炼废渣的产生量分别为2.45亿吨、1.55亿吨、1.15亿吨、0.936亿吨、0.822亿吨。2001年我国金属矿山尾矿的产生量分别为：铁矿山1.62亿吨、有色金属矿山0.65亿吨、黄金矿山0.29亿吨。到目前为止，我国金属矿山产生的尾矿堆存量已达50余亿吨，并且每年仍在以2亿~3亿吨的速度增长。

我国矿山开采产生的剥离废石量更是惊人，我国矿山开采的采剥比大，如冶金矿山的采剥比为1:(2~4)；有色矿山采剥比大多在1:(2~8)，最高达1:14；黄金矿山的采剥比最高可达1:(10~14)。我国矿山每年废石排放总量超过6亿吨，仅露天铁矿山每年剥离废石就达4亿吨。目前我国剥离废石的堆存总量已达数百亿吨，是名副其实的废石排放量第一大国。

近年来，随着国民经济的发展和工业产值的增加，其固体废弃物也逐年增大。1995年，工业固体废弃物产生量为6.7亿吨，其中，矿山直接产生固体废弃物近3.4亿吨；2000年，工业固体废弃物已达到7.5亿吨，其中，矿山直接产生固体废弃物近3.7亿吨。

从总的发展趋势上看，矿山所产生的固体废弃物逐年增加，其所造成的环境污染形势也尤为严峻。

4.3.2 矿山排弃废石的危害

4.3.2.1 占用土地、覆盖森林、破坏植被

随着矿床的开发、坑道的延伸及低品位矿床的开采，堆积于地表面的废石、冶金渣、废渣、尾矿等固体污染物将越来越多，占地面积越来越大。我国目前历年堆存的煤矸石约10亿吨以上，侵占农田约10万亩，钢铁渣约2亿吨，占地2万多亩。固体污染物占据如此多的地表面积，其后果之一是不仅大量侵占了农业耕地，直接影响农业生产，而且覆盖大片的森林，大批绿色植物被埋掉，从而破坏了优美的自然环境，严重者将导致生态平衡的破坏。

4.3.2.2 污染土壤，危及人体健康

矿山固体堆积物含有各种有毒物质，特别是其中的金属元素（如铅、锌、镉、砷、汞等）及放射元素。堆积于露天的固体污染物，由于长期堆放，经风吹雨淋而发生氧化、分解、溶滤等生化作用，使其中有毒有害元素进入土壤，被稻谷、蔬菜、果树等农作物的根部吸收并富集，通过食物链系统进入人体，从而危及人体健康。如广东某露天矿，过去每年排放约一百多万吨尾矿和三百多万立方米的泥浆水至矿区附近农田和河流中，导致大量农田沙化，河流淤塞，河水污染。

固体污染物对土壤的破坏还表现为对土壤的毒化，土壤中的微生物大量死亡，致使土壤变成“死土”，丧失了土壤的腐解能力，严重时甚至会使肥沃的土地变成不毛之地，造成田园荒芜。

4.3.2.3 堵塞水体、污染水质

堆放在矿山废石场、矿石堆、精矿粉场地及尾矿坝等的固体污染物是造成矿山水体污染酸化，使水体含大量金属和重金属离子主要的一次及二次污染源。一次污染就是大气降水直接与固体堆积物接触，发生氧化、水解、溶滤等作用而使水质受到污染。而二次污染在这里是指受污染的矿山水，当经过废石堆、矿石堆及尾矿场之后，再次受到污染。

此外，由于矿山废石及尾矿量逐年增加，堆积场地越来越大，特别是处于山区的矿山，固体污染物堆积场（坝）往往造成河道、小溪、水沟等水体的堵塞，甚至造成洪水泛滥的恶果。

4.3.2.4 粉尘飞扬、污染空气

由于固体污染物长期堆存，在雨中冲刷、渗漏及大气作用下，经过微生物分解及内部化学反应，会产生大量的有害气体（SO_2、H_2S、放射性气体）和风化粉尘。特别是在干

旱季节和风季里，尾砂飞扬是矿区粉尘的主要污染源。据河南几个矿山粉尘浓度实测统计，矿山工业广场及生活区空气粉尘浓度超标10~40倍，对矿区的大气造成严重污染。

4.3.2.5 其他危害

尾砂流失、尾矿坝坝基坍塌及陷落，造成大范围的污染和危及人身安全，使金属流失，资源浪费，经济损失。

5 矿山产生“三废”的治理

5.1 矿山产生废气的治理

5.1.1 废气中粉尘的治理

由于露天开采强度大，机械化程度高，而且受地面条件影响，在生产过程中产生粉尘量大，有毒有害气体多，影响范围广。因此，在有露天矿井开采的矿区，防治矿区大气污染的主要对象是露天采场。

5.1.1.1 穿孔设备作业时的防尘措施

钻机产尘强度仅次于运输设备，占生产设备总产尘量的第二位。根据实测资料表明：在无防尘措施的条件下，钻机孔口附近空气中的粉尘浓度平均值为448.9mg/m^3，最高达到1373mg/m^3。

A 穿孔作业时的产尘特点

钻机作业时，既能生成几十毫米以上的岩尘，也能排放出几微米以下的可呼吸性粉尘。

为提高钻机效率和控制微细粉尘的产生量，当钻机穿孔时，必须向钻孔孔底供给足够的风量，以保证将破碎的岩屑及时排放孔外，避免二次破碎。

排粉风量不仅与钻孔直径有关，而且还与钻杆直径、岩屑密度及其粒径等因素有关。

B 钻机除尘措施

按是否用水，可将露天矿钻机的除尘措施分为干式捕尘、湿式除尘和干湿相结合除尘3种方法，选用时要因时因地制宜。

干式捕尘是将袋式除尘器安装在钻机口进行捕尘。为了提高干式捕尘的除尘效果，在袋式除尘器之前安装一个旋风除尘器，组成多级捕尘系统，其捕尘效果更好。袋式除尘器不影响钻机的穿孔速度和钻头的使用寿命，但辅助设备多，维护不方便，且能造成积尘堆的二次扬尘。

湿式除尘主要是采用风水混合法除尘。这种方法虽然设备简单，操作方便，但在寒冷地区使用时，必须有防冻措施。

干湿结合除尘，主要是往钻机里注入少量的水而使微细粉尘凝聚，并用旋风式除尘器收集粉尘；或者用洗涤器、文丘里除尘器等湿式除尘装置与干式捕尘器串联使用的一种综合除尘方式，其除尘效果也是相当显著的。

干式捕尘为避免岩渣重新掉入孔内再次粉碎，除采用捕尘罩外，还制成孔口喷射器与沉降箱、旋风除尘器和袋式过滤器，组成三级捕尘系统。

牙轮钻机的湿式除尘可分为钻孔内除尘和钻孔外除尘两种方式。钻孔内除尘主要是汽水混合除尘法，该法可分为风水接头式与钻孔内混合式两种。钻孔外除尘主要是通过对含尘气流喷水，并在惯性力作用下使已凝聚的粉尘沉降。

5.1.1.2 矿（岩）装卸过程中的防尘措施

电铲给运矿列车或汽车装卸载时，可二次生成粉尘，在风流作用下，粉尘会向采场空间飞扬。装卸载过程中的产尘量与矿岩的硬度、自然含湿量、卸载高度及风流速度等一系列因素有关。

装卸作业的防尘措施主要采用洒水；其次是密闭司机室，或采用专门的捕尘装置。

装载硬岩时，采用水枪冲洗最合适；挖掘软而易扬起粉尘的岩土时，采用洒水器为佳。

岩体预湿是极有效的防尘措施。在露天矿中，可利用水管中的压力水或移动式、固定式水泵进行预湿，也可利用振动器、脉冲发生器预温。利用重力作用使水湿润岩体也是一种简易的方法。

5.1.1.3 大爆破时防尘措施

大爆破时不仅能产生大量粉尘，而且污染范围大，在深凹露天矿，尤其在出现逆温的情况下，污染可能是持续的。露天矿大爆破时的防尘，主要是采用湿式措施。当然，合理布置炮孔、采用微差爆破及科学的装药与填充技术，对减少粉尘和有毒有害气体的生成量也有重要意义。

在大爆破前，向预爆破矿体或表面洒水，不仅可以湿润矿岩的表面，还可以使水通过矿岩的裂隙透到矿体的内部。在预爆区打钻孔，利用水泵通过这些钻孔向矿体实行高压注水，湿润的范围大，湿润效果明显。

5.1.1.4 露天矿运输路面防尘措施

汽车路面扬尘造成露天矿空气的严重污染是不言而喻的。其产尘量的大小与路面状况、汽车行驶速度和季节干湿等因素有关。不管是司机室或路面的空气中粉尘浓度，其变化频率和幅度都是很大的，在未采取措施的情况下，引起大幅度变化的重要因素是气象条件和路面状况。

目前，为防止汽车路面积尘的二次飞扬，主要采取的措施有：

（1）路面洒水防尘。通过洒水车或沿路面铺设的洒水器向路面定期洒水，可使路面空气中的粉尘浓度达到容许值。但其缺点是用水量大，时间短，花钱多，且只能夏季使用，还会使路面质量变坏，引起汽车轮胎过早磨损，增加养路费。

（2）喷洒氯化钙、氯化钠溶液或其他溶液。如果在水中掺入氯化钙，可使洒水效果和作用时间增加。也可用颗粒状氯化钙、食盐或两者混合处理汽车路面。

5.1.1.5 采掘机械司机室空气净化

在机械化开采的露天矿山，主要生产工艺的工作人员，大多数时间都位于各种机械设备的司机室里或生产过程的控制室里。由于受外界空气中粉尘影响，在无防尘措施的情况下，钻机司机室内空气中粉尘平均浓度为 20.8mg/m³，最高达到 79.4mg/m³；电铲司机室内平均浓度为 20mg/m³。因此，必须采取有效措施使各种机械设备的司机室或其他控制室内空气中的粉尘浓度都达到卫生标准，这是露天矿防尘的重要措施之一。

采掘机械司机室空气净化的主要内容是：

（1）保持司机室的严密性，防止外部大气直接进入室内；

（2）利用风机和净化器净化室内空气并使室内形成微正压，防止外部含尘气体的渗入；

（3）保持室内和司机工作服的清洁，尽量减少室内产尘量；

（4）调节室内温度、湿度及风速，创造合适的气候条件。

司机室内的粉尘来自外部大气和室内尘源，室内粉尘来自沉积在司机室墙壁、地板和各种部件上的粉尘和司机工作服上粉尘的二次飞扬。如钻机司机室空气中粉尘的来源主要是因钻机孔口扬尘后经不严密的门窗缝隙窜入；其次为室内工作台及地面积尘的二次扬尘，前者占70%，后者占30%。电铲司机室内粉尘的来源：一是铲装过程所产生的粉尘沿门窗缝隙窜入；二是室内二次扬尘，后者占室内粉尘量的13.5%～54.6%。室内产尘量带有很大的随机性，往往根据司机室的布置、人员、工作服清洗状况等而变化。

司机室净化系统由下列部分组成：

（1）通风机组，宜采用双吸离心式风机；

（2）前级净化器，在外部大气粉尘浓度高时，为提高末级净化器的寿命，可用百叶窗式或多管式净化器作前级；

（3）纤维层过滤器，作为净化系统的末级；

（4）空调器，冬季时加热空气，夏季时降温，此外还有入风口百叶窗、调节风量用的阀门、外部进气口与内循环风口等。

5.1.1.6 废石堆防尘措施

矿山废石堆、尾矿池是严重的粉尘污染源，尤其在干燥、刮风季节更严重。台阶的工作平台上落尘也会大量扬起，风流扬尘的危害严重。

在扬尘物料表面喷洒覆盖剂是一种防尘措施。喷洒的覆盖剂和废石间具有黏结力，互相渗透扩散，由于化学键力的作用和物理吸附，废石表面形成薄层硬壳，可防止风吹、雨淋、日晒而引起的扬尘。

5.1.2 矿井柴油设备尾气的污染及其防治

5.1.2.1 概述

近年来，采用柴油机为动力的内燃设备，在矿山及地下工程的采掘、装载及运输中已大量使用。矿山采用的以柴油为动力的设备有：汽车、柴油机车、挖掘机、装运机、凿岩台车、喷浆机、锚杆车及炮孔装药车等。

与风动、电动设备相比，柴油机车驱动功率大、移动速度快、不拖尾巴、不架天线、有独立能源，因而它具有生产能力大、效率高、机动灵活等优点。但是，由于柴油机车产生的废气对矿井空气有较严重的污染，从而对工人的健康及安全生产造成威胁。因此，如何解决柴油设备的废气净化，防止污染矿井大气，成为柴油设备能否在井下推广使用的关键。

5.1.2.2 柴油设备污染机理

柴油机是以柴油为燃料，在密闭的气缸中将吸入的空气高倍压缩，产生500℃以上的高温。柴油通过喷嘴呈雾状压入气缸（燃烧室）与高速旋转的压缩空气混合，发生爆炸燃烧，推动活塞并通过连杆带动曲轴而做功。

然而，由于某些原因，上述反应不能进行完全，并产生成分极为复杂的废气，它对矿井大气的污染是较严重的。

柴油机排放的废气中包含有气态、液态及固态的污染物。气态污染物中含有CO_2、CO、H_2、NO_x、SO_2、HC、氧化物、有机氮化物及含硫混合物等；液态污染物中含有H_2SO_4、HC、氧化物等；固态污染物中含有碳、金属、无机氧化物、硫酸盐，以及多环芳烃（PAH）和醛等碳氢化合物。

上述污染物中，最主要的是CO、HC、NO_x以及固体微粒（PM）。CO是柴油不完全燃烧产生的无色无味气体；HC也是柴油不完全燃烧和气缸壁淬冷的产物；NO_x是NO_2与NO的总称，它们都是在燃烧时空气过量、温度过高而生成的氮气燃烧产物，NO在空气中即被氧化成NO_2，NO_2呈红褐色并有强烈气味；PM是所排气体中的可见污染物，它是由柴油燃烧中裂解的碳（干烟灰）、未燃碳氢化合物、机油与柴油在燃烧时生成的硫酸盐等组成的微粒，也就是常见的由排气管冒出的黑烟。相对汽油机而言，柴油机的CO和HC排放量较少，主要排放的污染物是NO_x和PM。

CO通过呼吸道进入人体后，会同血红蛋白结合，破坏血液中的氧交换机制，使人缺氧而损害中枢神经，引起头痛、呕吐、昏迷和痴呆等后果，严重时会造成CO中毒。

HC中含有许多致癌物质，长期接触会诱发肺癌、胃癌和皮肤癌。

NO_2刺激人眼黏膜，引起结膜炎、角膜炎，吸入肺脏还会引起肺炎和肺水肿。

HC和NO_x在阳光强烈时的紫外线照射下，会产生光化学烟雾，使人呼吸困难，使植物枯黄落叶，加速橡胶制品与建筑物的老化。

PM 被吸入人体后会引起气喘、支气管炎及肺气肿等慢性病；在碳烟微粒上吸附的 PAH 等有机物更是极有害的致癌物。

5.1.2.3 柴油机的排放标准

为了控制废弃污染，许多国家都制定了相应的环保法规和排放污染物防治的技术政策，以及控制排放污染物限制的技术监督标准。

我国已于 2006 年实施了“压燃式发动机和装用压燃式发动机的车辆排气污染物限值及测试方法”（GB 17691—2005）、“压燃式发动机和装用压燃式发动机的车辆可见污染物限制及测试方法”（GB 3847—2005）等排放标准。这些强制性的国家标准等效采用了联合国欧洲经济委员会（ECE）有关汽车排放控制的全部技术内容，这意味着我国对新车的排放要求已达到欧洲 20 世纪 90 年代初期水平，比旧的国家标准更加严格了。

在执行新标准中，主要问题是可见污染物排放的测试根据 GB 3897—1999 要求采用取样式不透光度仪，测定连续通过气样管的一部分排气的不透光度，测量单位为 m^{-1}（光吸收系数）。这种全负荷烟度排放值的测量仪器，是一种部分流取样的不透光的烟度计（如 AVL415 型、AVL438 型及 AVL439 型），目前还依赖于进口。因此，国内仍在沿用旧标准“汽车排放污染物限值及测试方法”（GB 14761—1999）、“汽车柴油机全负荷烟度测量法”（HB 3847—1993）、“柴油车自如加速排放标准”（GB 14761.6—1993）及“柴油车自如加速烟度的测量滤纸烟度法”（GB/T 3846—1993），利用滤纸测定烟度 R_b，单位为 BSN（滤纸烟度指数）。

5.1.2.4 废气污染的治理

对井下柴油设备产生的废气主要从三方面来解决，即净化废气、加强通风和个体防护。实践证明，通过以下综合措施完全可以使废气中的有害成分降到允许浓度以下。

A 废气的净化

废气净化可分为机内净化和机外净化。机内净化目的是控制污染源，降低废气生成量；机外净化目的是进一步处理生成的有害物质。

机内净化是整个净化工作的基础。车用柴油及改善混合气质量和燃烧状况的措施有：采用可变进气流量装置；优化喷油器设计；采用可变喷油正时系统；采用 HEUI、EUI、LDCR 等先进的电喷技术；优化燃烧室设计，强化紊流，减小缝隙容积等。

当前国内外主要从以下几方面着手进行废气的净化：

(1) 正确选择机型。这是指柴油机燃烧室的形式。当前，对在井下使用的柴油机燃烧室形式有两种看法：一种主张采用涡流式；另一种主张采用直喷式。目前采用直喷式较多，原因是直喷式具有结构简单、热负荷低、平均有效压力低、油耗低、启动容易等优点。然而直喷式产生的污染物浓度大，资料表明，直喷式的排污要高于涡流式的 1 ~2 倍，这对井下的污染是一个严重问题。此外，直喷式对维护和喷嘴的状况要求较严，稍有损坏，柴油机的排污将更为恶化，而涡流式的最大优点在于排污量较直喷式小。因此，从保护井下大气环境来讲，采用涡流式较好。

康明斯公司在ISR、ISC、ISM系列发动机中，采用垂直中央喷射和更高的喷射压力，使排放污染物减少了1/5。

盖瑞特公司在涡轮增压器上采用液压变喷嘴涡轮技术，使发动机在怠速至全速的工作范围内都降低了NO_x的排放。

（2）推迟喷油延时。其主要目的是减少空气中的氮和氧与燃油的接触时间，从而使氮氧化合物的生成量减少。

（3）选用高标号的柴油，并注意柴油和机油系统的清洁，绝对禁止井下使用汽油机。

（4）严格维修保养，保证柴油机的完好率，特别是滤清器、喷油嘴内的清洁，以防止阻塞。

（5）不要超负荷或满负荷运行。测定表明，当柴油机在超负荷或满负荷状态下工作时，其废气浓度及废气量急剧增加。为改善排污状况，井下多采用降低转速和马力的办法，通常将功率降低10%～15%，或不使用高挡。

废气再循环技术可有效地控制NO_x的排放，但是，要想不增加HC的排放，还得采用电控废气再循环技术，利用调整装置来优化不同负荷时的废气再循环。

这种技术是在工程机械柴油机上采用电子喷射系统，它是重大的技术进步。新三菱·卡特彼勒公司的HEUI共轨液压式喷油系统由高压油泵、共轨油道、调压阀、控制单元（电磁阀）、电控液压喷嘴等组成。在液压共轨中保持4～23MPa油压，通过喷油器的增压活塞使燃油压力增至30～140MPa；喷油计量由喷油时段与喷油压力决定，而喷油时段则取决于电磁阀通电时间的长短；电磁阀按负荷情况与转速的变化自动地调节喷油正时。EUI高压共轨电子喷油系统则能够进行预喷射与后喷射，还可实现△形喷油规律的多段喷射。LICR电液控制喷油系统则可根据发动机工况更好地实现预喷压力的调节。电喷技术由于可根据负荷与转速的变化自动地按柴油喷射曲线喷油，使柴油更好地雾化，充分燃烧，净化了废气，也减少了可见污染物（黑烟）的排放。

一台完好的柴油机，即使机内净化很好，排放指标再低，其浓度仍然超过允许浓度的几十倍，甚至几百倍。因此，还必须采取机外净化措施。机外净化就是在废气未排放至井下大气前，经过净化设备进一步处理生成的有害物质。

机外净化常采用的净化方法有：

（1）催化法。催化法的原理是废气中的一氧化碳、碳氢化合物、含氧碳氢化合物等借助催化剂的表面催化作用，利用柴油机排气中所剩余的氧气和排气高温氧化生成无毒的二氧化碳和水。

采用后处理技术，是对现有车型进行技改、控制排放的最有效措施；对于新车，采用机外后处理措施也比采用机内净化措施容易得多。机外后处理装置主要是催化净化器的微粒捕集器。

国内最常用的催化器是三元催化转化器，它是由金属壳体、隔温衬垫和催化剂组成的筒形构件。隔温衬垫使用堇青石陶瓷压制成，横截面上 $1cm^2$ 有 32～64 个小孔；在这种蜂窝状陶瓷载体表面，附着有作为催化剂的铂、铑、钯等贵金属和作为助催化剂的稀土添加剂。贵金属稀土联用催化剂是目前最有效的催化剂。柴油机废气的气相反应通常在很慢的速度下进行，一旦有了催化剂，CO、HC、NO_x 在催化剂作用下被迅速氧化还原成 CO_2、H_2O、N_2。

三元催化转化器中的堇青石陶瓷蜂窝也是一个滤烟的微粒捕集器，当碳烟通过比它小得多的蜂窝微孔时，就被通道管壁截获。蜂窝陶瓷的网眼堵塞后形成的烟灰层，在 500℃ 以上的温度下会被废气点燃而使滤烟器不致失活。

催化转化器可以加装在发动机排气管末端，也有将它与消声器做成一体的。对于在隧道内施工的机械，还可采用二级净化系统，即在催化转化器后再安装一个烟尘水洗箱，水洗箱中加洗涤烟剂，烟气穿过水溶液时会进一步溶解废气中的有害气体并使碳烟微粒沉淀。

（2）水洗法。根据废气中的二氧化硫、三氧化硫、醛类及少量氮化物可溶解于水的性质，使用水洗涤废气，可达到进一步除去以上气体的目的，同时，废气中的炭黑还可被水黏附。

根据洗涤方式不同，水洗法可分为喷水洗涤法和水箱洗涤法两种。

喷水洗涤法的净化装置包括水泵、水箱喷嘴和管道。水泵由柴油机带动，水箱可容纳足够一个班的用水量。水的喷射方向与废气流动方向相反。

水箱洗涤法是让废气通过管道直接进入水体，净化后的气体从水面出来后由排气管排出。水箱洗涤法具有结构简单、加工容易、效果好等优点，因此，目前国内外多数柴油机采用这种净化装置。

（3）再燃法。利用再燃净化器把柴油机排出的废气送入燃烧仓进行二次燃烧，可净化一氧化碳。再燃净化器由燃烧仓、射流器、反应罐、高效喉管和一些附属装置组成。

（4）废气再循环法。废气再循环法是把柴油机汽缸中燃烧室排出的废气的一部分（约 20%）与空气混合后再循环到汽缸中去，由于混合后的气体氧含量降低，因此，能使二次排出的废气中氮化物浓度大幅度下降，达到净化的目的。

（5）综合措施。为了克服以上各种净化方法的自身缺点和充分发挥其突出的优点，有的柴油设备采用了综合净化措施，如催化法和水洗法联合净化、废气再循环与再燃法的联合应用等，均取得较好的效果。

B 合理使用维护

超负荷使用、保养维护不当或检修调整不良等使用中的问题，都会使柴油机的性能恶化，导致污染物排放量增加。在使用与维护中，有必要采取严格的管理规范和技术措施。

要选用规定质量等级的黏度的机油。要选用十六烷值适中的柴油，一般夏季用 0 号、+10 号柴油，冬季用 -10 号、-20 号柴油，严寒地区用 -35 号柴油；并尽可能地选用低硫柴油。在柴油中按 3/10000～5/10000 的比例掺入 XS30.30 高效柴油添加剂，可有效地控制碳烟的排放。

定期维护保养至关重要。同时，有必要将排黑烟与排蓝烟视为故障现象，应及时检修，随时保持柴油机有良好的技术状况。

引起排黑烟故障的原因有：空气滤芯堵塞或进气管漏气，造成进气量不足；消声器被过多的黑烟堵塞或排气管变形使排气背压过高；涡轮增压器、燃油喷射泵或喷油器工作不良；喷油正时过迟，后燃过多；气门间隙不良；气门与气门座圈接触不良或气门弹簧失效；活塞、活塞环、缸套磨损超限等。

引起排蓝烟故障的原因有：油底壳加机油过量；曲轴箱废气通气孔堵塞；活塞环与油环失效；活塞、活塞环、缸套磨损超限；气门与导管间隙过大；涡轮增压器漏油等。

C 加强通风，搞好井下柴油设备的通风管理

在目前的技术条件下，尽管柴油设备的废气经过机内外的净化，但最后排出的废气浓度仍然超过国家的允许浓度。实践证明，井下使用柴油设备的矿山在通风系统及供风量上都有一定的特殊要求，否则，将影响柴油机在井下的推广使用。具体要求是：

（1）使用柴油设备的各作业地点或运行区段，应有独立的新风，要防止污风串联。

（2）各作业地点应有贯穿风流，当不能实现贯穿风流时，应配备局部扇风机，其排出的污风要引到回风系统。

（3）通风方式以抽出式或以抽出为主的混合式为宜，避免在进风道安设风门及通风构筑物，以利于柴油设备的运行及通风管理。

（4）柴油设备的分布不宜过于集中，也不要过分分散。每个区域的柴油机应相对稳定，以便于风量分配及管理。

（5）柴油设备重载运行方向与风流流向相反为好，以利用风流加快稀释及改善司机工作条件。

综上所述，与汽油机的排放控制相比，柴油机排放的污染危害性更大，而且排放控制的难度更大。目前的有效对策是，严格遵守国家规定的排放标准，采取机内净化技术、机外后处理技术，以及使用中的维护措施，以期控制排放、保护环境。

5.1.3 有毒气体中毒时的急救

当井下发生灾害，工作人员遇有毒气体中毒或缺氧时，应立即组织抢救，以便及早脱离危险，保障其生命安全。

中毒时的急救措施包括：

（1）立即将中毒者移至新鲜空气处或地表。

（2）将患者口中一切妨碍呼吸的东西，如假牙、黏液、泥土除去，将衣领及腰带松开。

（3）使患者保暖。

（4）为促使患者体内毒物洗净和排出，给患者输氧。

5.2 矿山产生废水的治理

5.2.1 矿山废水的排放标准

5.2.1.1 水质标准

环境标准是为维护环境质量、控制污染而制定的各种技术指标和准则的总称。它是伴随环境立法而发展起来的，是环境保护法律体系的组成部分，是具有法规性的技术指标和准则。根据《中华人民共和国环境保护标准管理办法》的规定，我国环境标准分为两级、三类。两级就是国家级和省、自治区、直辖市级。三类就是环境质量标准、污染物排放标准、环境保护基础和方法标准，最后一类只有国家一级。

目前，我国水环境质量标准主要依据是《地面水环境质量标准》（GB 3838—2002）。该标准根据地面水域使用目的和保护目标将其划分为5类：

（1）Ⅰ类主要适用于源头水、国家自然保护区；

（2）Ⅱ类主要适用于集中式生活饮用水水源地一级保护区、珍贵水生生物栖息地、鱼虾类产卵场、仔稚幼鱼的索饵场等；

（3）Ⅲ类主要适用于集中式生活饮用水水源地二级保护区、鱼虾类越冬场、洄游通道、水产养殖区等渔业水域及游泳区；

（4）Ⅳ类主要适用于一般工业用水区及人体非直接接触的娱乐用水区；

（5）Ⅴ类主要适用于农业用水区及一般景观要求水域。

5.2.1.2 工业废水的排放标准

废水排放标准是根据环境质量标准，并考虑技术经济的可能性和环境特点，对排入环境的废水浓度所做的限量规定。我国污水排放标准分综合标准和部门、行业标准两种。综合标准主要依据《污水综合排放标准》（GB 8978—1996）[代替 GB 54—73（废水部分）]的规定。该标准适用于排放污水和废水的一切企事业单位。工业废水中有害物质最高容许排放浓度分两类：

（1）第一类污染物，指能在环境或动植物体内蓄积，对人体健康产生长远不良影响者。含有这类有害污染物质的污水，不分行业和污水排放方式，也不分受纳水体的功能类别，一律在车间或车间处理设施排出口取样，其最高允许排放浓度必须符合表5-1的规定。

表5-1 第一类污染物最高允许排放浓度

序 号	污染物	最高允许排放浓度/mg · L^{-1}
1	总 汞	0.05
2	烷基汞	不得检出
3	总 镉	0.1

续表 5-1

序　号	污染物	最高允许排放浓度/mg·L^{-1}
4	总　铬	1.5
5	六价铬	0.5
6	总　砷	0.5
7	总　铅	1.0
8	总　镍	1.0
9	3，4-苯并芘	0.00003

（2）第二类污染物，指其长远影响小于第一类污染物质的，在排污单位排出口取样，其最高允许排放浓度必须符合表 5-2 的规定。

表 5-2　第二类污染物最高允许排放浓度（1997 年 12 月 31 日之前建设的单位）

序号	污染物	适用范围	一级标准	二级标准	三级标准
1	pH 值	一切排污单位	6～9	6～9	6～9
2	色度（稀释倍数）/mg·L^{-1}	染料工业	50	180	
		其他排污单位	50	80	
		采矿、选矿、选煤工业	100	300	
		脉金选矿	100	500	
3	悬浮物（SS）/mg·L^{-1}	边远地区砂金选矿	100	800	
		城镇二级污水处理厂	20	30	
		其他排污单位	70	200	400
		甘蔗制糖、苎麻脱胶、湿法纤维板工业	30	100	600
4	五日生化需氧量（BOD_5）/mg·L^{-1}	甜菜制糖、酒精、味精、皮革、化纤浆粕工业	30	150	600
		城镇二级污水处理厂	20	30	
		其他排污单位	30	60	300
		甜菜制糖、焦化、合成脂肪酸、湿法纤维板、染料、洗毛、有机磷农药工业	100	200	1000
		味精、酒精、医药原料药、生物制药、苎麻脱胶、皮革、化纤浆粕工业	100	300	1000
		石油化工工业（包括石油炼制）	100	150	500
5	化学需氧量（COD）/mg·L^{-1}	城镇二级污水处理厂	60	120	

续表 5-2

序号	污染物	适用范围	一级标准	二级标准	三级标准
6	石油类/mg·L^{-1}	其他排污单位	100	150	500
7	动植物油/mg·L^{-1}	一切排污单位	10	10	30
8	挥发酚/mg·L^{-1}	一切排污单位	20	20	100
9	总氰化合物/mg·L^{-1}	一切排污单位	0.5	0.5	2.0
		电影洗片（铁氰化合物）	0.5	5.0	5.0
10	硫化物/mg·L^{-1}	其他排污单位	0.5	0.5	1.0
11	氨氮/mg·L^{-1}	一切排污单位	1.0	1.0	2.0
		医药原料药、染料、石油化工工业	15	50	
		其他排污单位	15	25	
12	氟化物/mg·L^{-1}	黄磷工业	10	20	20
		低氟地区（水体氟含量小于0.5mg/L）	10	10	20
13	磷酸盐（以P计）/mg·L^{-1}	其他排污单位	0.5	1.0	
14	甲醛/mg·L^{-1}	一切排污单位			
15	苯胺类/mg·L^{-1}	一切排污单位	1.0	2.0	5.0
16	硝基苯类/mg·L^{-1}	一切排污单位	2.0	3.0	5.0
17	阴离子表面活性剂（LAS）/mg·L^{-1}	合成洗涤剂工业	5.0	15	20
		其他排污单位	5.0	10	20
18	总铜/mg·L^{-1}	一切排污单位	5.0	1.0	2.0
19	总锌/mg·L^{-1}	一切排污单位	2.0	5.0	5.0
20	总锰/mg·L^{-1}	合成脂肪酸工业	2.0	5.0	5.0
		其他排污单位	2.0	2.0	5.0
21	彩色显影剂/mg·L^{-1}	电影洗片	2.0	3.0	5.0
22	显影剂及氧化物总量/mg·L^{-1}	电影洗片	3.0	6.0	6.0
23	元素磷/mg·L^{-1}	一切排污单位	0.1	0.3	0.3
24	有机磷农药（以P计）/mg·L^{-1}	一切排污单位	不得检出	0.5	0.5
25	粪大肠菌群数/个·L^{-1}	医院①、兽医院及医疗机构含病原体污水	500	1000	5000
		传染病、结核病医院污水	100	500	1000

续表 5-2

序号	污染物	适用范围	一级标准	二级标准	三级标准
26	总余氯（采用氯化消毒的医院污水）/mg·L^{-1}	医院、兽医院及医疗机构含病原体污水	<0.5②	>3（接触时间≥1h）	>2（接触时间≥1h）
		传染病、结核病医院污水	<0.5②	>6.5（接触时间≥1.5h）	>5（接触时间≥1.5h）

①指 50 个床位以上的医院；

②加氯消毒后需进行脱氯处理，达到本标准。

为了保证矿区环境不受污染和危害，矿区排放的废水还必须符合国家《工业企业设计卫生标准》的规定。对矿山企业的行业规定有：现有企业悬浮物最高允许排放浓度为150mg/L（一级）和300mg/L（二级），新扩改企业悬浮物最高允许排放浓度为200mg/L（二级）。

5.2.2 矿山水体的测定

对矿山水体做全面的水量、水质测定，是选择与确定治理方法的依据。没有科学的测定数据，盲目地建造处理设施，必然导致运行失调，造成浪费。因此，矿山废水的水质、水量测定是极其重要的步骤。水质监测内容广泛，涉及的分析技术和仪表非本书所及范围，以下仅概述有关监测的几个主要问题。

5.2.2.1 水质分析内容和项目

水质分析的内容包括物理、化学和微生物（包括生物）分析。水质分析的项目总共有数百种，其中，具有基本意义的项目约为一百余种，日常进行的分析项目有10种左右。应根据目的和要求、水质状况、分析与测定条件等方面选择具体的分析项目。不同的工业废水，其主要分析项目是不同的，但是，它们都应首先考虑水中主要杂质成分的测定项目。

5.2.2.2 矿山废水的采样方法

A 采样点的选择

由于待测水体的水质是不均匀的，而且随时间和地点不断发生着变化。因此，采集水样必须具有代表性。否则，无论分析工作做得如何认真、精确，也是没有意义的。

为了保证采样具有代表性，采样点的选择和布置十分重要。一般应根据矿区水源的具体情况和污水成分及其含量，慎重考虑和布置采样点。例如，应在河流的不同区段（清洁区段、污染区段及净化区段）选择布置采样点，并将采样点分为基本点、污染点、对照点和净化点。基本点应设在河流的清洁区段，即其入口或矿区以外的下游河段；污染点应设在河流污染特定区段，以控制和掌握矿区造成的污染程度；对照点应设在河流的发源地，或是矿区的上游区段，以便和污染点进行对比；净化点应设在矿区的下游区段，以检查水体自净作用。同时，还应考虑河面的宽度和深度。河流水质采样点可根据污染状况、河流的流量、河床宽窄等条件，采用单点布设法、断面布设法、三点布设法、多断面布设法等具体布置方法。

除河流布点外，在矿区内还应布置如图5-1所示的采样监测点。

矿区内采样点的选择也应具有代表性。凡是矿山生产可能影响到的水体，都要布点采样监测。为了使生产用水合乎标准，就应设置生产用水监测点，如图5-1中的*A*点；为了检查废水排放的污染程度，应设置废水排放控制点，如图5-1中的*B*点；为了检查与对比水源的污染程度，还应设置水源监测点，如图5-1中的*C*点所示。

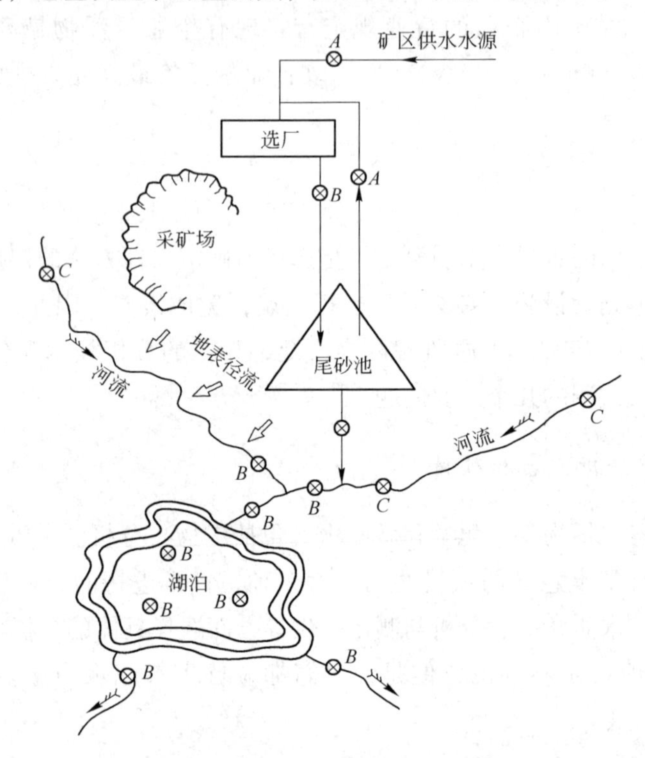

图5-1 矿区水体监测采样点布设略图

实际工作中，除了布置上述的河流与矿区水质采样监测点外，为了调查地下水源的污染情况，还应对地下水源布点监测。一般情况下，围绕污染源取不同的井下水作为分析样即可。

B 采样方法

采样点确定后，使用正确的采样方法，也是水体监测中的一个重要环节。一般可根据水体的性质采用不同的方法采集水样。

a 表层水样采集方法

对河流、水库以及湖泊等地表水体，凡是可以直接吸水的场合，可直接把采样瓶置于其中，或者以适当的容器吸水。若从桥上采样时，可将系着绳子的采样瓶投入水中取样。

表层水采样，最好取水面以下 10 ~ 15cm 的水。若需采集一定深度的水样，应将采样瓶投放相应深度处采样。常用的简单采样器的构造如图 5-2 所示，它是一个装在金属框架内用绳索吊起的玻璃瓶，金属框架底部装有铅块，以增加瓶重，瓶口配瓶塞，以细绳索系牢，在绳索上还要标有高度标记。在流速大的河流中采样，只需将悬吊采样器的绳索用长钢管代替即可。

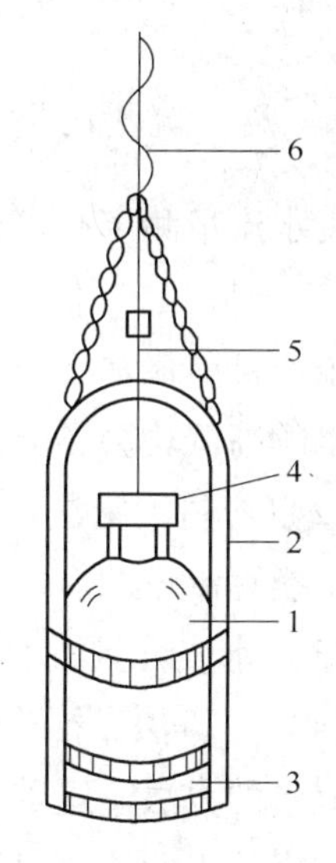

图 5-2 简单采样瓶示意图
1—采样瓶；2—金属框架；
3—铅块；4—瓶塞；
5—瓶塞的细绳索；
6—吊采样瓶的绳索

b 矿山废水采样

由于采选工艺过程不同，废水的成分和流量也不同。因此，在采样前应首先了解生产废水的工艺过程，掌握水质、水量的变化规律，然后再根据实际情况和分析目的，采用不同的采样方法，分别采集平均水样、平均比例水样以及高峰期排放水样等。如果废水的排放流量比较稳定，只需采集一昼夜的平均水样即可，即每隔相同的时间取等同废水混合成分析水样；如果废水的排放流量不稳定时，要采集一昼夜内的平均比例水样，即流量大时多取，流量小时少取，把每次取得的水样倒在清洁的大瓶中，取样完毕后，将大瓶中的水样充分混合，从中取出 1 ~ 2L，作为分析水样；如果废水的产生和排放是间断性的，采样时间和次数就必须与其排放的特点相适应，并应注意所采集水样必须具有代表性。

采集水样的数量应根据分析项目的不同而定，一般水样总量以 3L 为宜，也可根据分析项目的内容酌情处理。

采样和分析的时间间隔越短越好。水样的存放时间不得超过表 5-3 所规定的标准。水样在保存期内其成分也可发生变化，如溶解氧逸散、悬浮物沉淀、pH 值改变及有机物、无机物发生氧化等。所以，采集水样后，应尽快进行化验与分析，最大限度地缩短存放期，防止水样变化而造成的损失。此外，还有部分项目，如温度、pH 值及透明度等指标，应当在现场进行直接测定。部分项目若不能在现场进行直接测定，可采用加入试剂或冷冻保存等方法，如在测定矿山废水中的挥发分、溶解氧等无法在现场测定的指标时，采取加入试剂或冷冻使水样变成固态，待进行分析时再还原成液态的方法，这样可大为减少保存期间产生的损失。

表 5-3 水样保存时间标准

序 号	水 样 性 质	保存时间/h
1	未污染的水样	72
2	轻度污染的水样	48
3	严重污染的水样	12

5.2.2.3 矿山废水的测定方法

A 废水流量的测定方法

废水流量测定有多种方法，下面简单介绍几种常见的方法：

(1) 估算法。估算法是用水泵运行所持续时间和额定功率估算废水流量的方法。这是工业企业目前最常用的方法，但该方法所测数据有波动，误差很大，泵体的新旧、维护操作技术的高低均会影响流量值的大小。

(2) 容量测定法。容量测定法适用于小流量和间歇性排放的情况，它是利用容器和秒表计时换算流量的。

(3) 水表计量法。工业上所用的水表有浮子流量计、磁力流量计等。

(4) 推算法。推算法是通过测定沿程两个固定点间一个漂浮物的漂流时间，计算流速来求流量的方法。这种方法适用于非满流排水管。测出水流深度后，可得到断面积，从直接测定出的表面流速可以估算出断面的平均流速，如果是层流，平均流速约为表面流速的0.8倍。

(5) 流量堰计量法。流量堰测定方法可分为矩形堰测定法、帕歇尔水槽测定法两种。采用这种方法时，在明渠或满流排水段设流量堰。由于流量堰计量法具有测定准确、便于维护等特点，因此在流量测定方法中，最适合于矿山废水处理系统。

B 废水中悬浮物的测定

废水中呈固体状的不溶解物质称为悬浮物。悬浮物指标是衡量工业废水污染程度的基本指标之一。经过2h静止沉淀后，悬浮物中的一部分沉淀下来，这部分悬浮物称为沉淀物。而能够仍旧漂浮于水中的悬浮物，其粒径一般多在50μm以下。悬浮物从性质上可分为无机性的和有机性的两种。无机性悬浮物如泥沙、各种矿粉、金属碎屑等；有机性悬浮物如纤维、木质素、油脂等。

a 悬浮物的沉淀性能

各种矿山废水中所含沉淀物的种类和性质很不一样。

处于颗粒状态，并且颗粒表面比较光滑，沉淀时互不相关，这样的沉淀物称为沉渣。选矿、冶金及机械加工等工艺废水产生的沉淀物多为沉渣。沉渣在多数情况下易于脱水，其成分单一，便于回收利用。

处于绒絮状态的悬浮物质所形成的沉淀物称为污泥，其主要成分为有机物质，如焦化、毛纺等工业废水的沉淀物。

一般用沉淀曲线描述悬浮物的沉淀性能。图5-3所示为数条沉淀物质的沉淀曲线。从这几条曲线中可以看出，废水中的沉淀物质在最初一个阶段沉淀特别快，原因是沉淀物的颗粒大小不一样，颗粒较大、较重的沉淀物下沉也较快。沉淀曲线是研究废水中沉淀物的沉淀规律性和设计沉淀池的重要资料。在矿山废水处理和净化工艺中，往往采用投加混凝剂的方式进行絮凝沉淀。由于投药种类、数量和悬浮物本身性质不同，所测得的沉淀曲线也不一样。

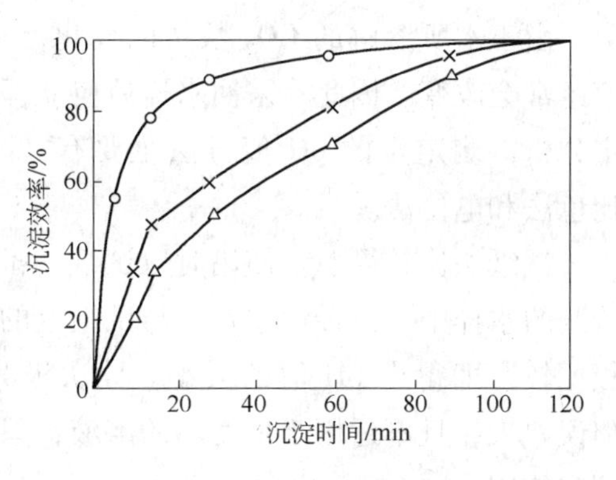

图 5-3 悬浮物沉淀曲线

b 沉淀物的含水率

沉淀物含水的多少，以其水的重量与沉淀物总重量之比值来表示，称为含水率。测量沉淀物含水率的方法如下。

取一部分经充分搅拌的沉淀物，精确称量后放入烘箱中，在105℃下一直烘至恒重为止再称重，按下式计算含水率：

$$P = \frac{a-b}{a-c} \times 100\%$$

式中 P——沉淀物的含水率,%；

a——未烘干时沉淀物和器皿总质量，g；

b——干燥后沉淀物和器皿总质量，g；

c——器皿质量，g。

沉渣的密度较大，含水率较小；而污泥却呈疏松状态，含水率较大。为了便于脱水，常将沉淀下来的沉渣或污泥泵入浓缩池，浓缩后再进行脱水。

c 有机物与无机物含量的测定

污泥中的有机物质和无机物质含量的测定方法是，首先，将污泥放在烘干箱中以105℃的温度烘至恒重，称重后得出污泥的固体物质（包括无机和有机物质）总质量。随后，将此烘干的污泥在600℃的高温下烧灼，将其中的有机成分烧掉，再进行称量，剩下的无机物质量与固体物质在烧灼前的质量之比值称为污泥灰分，以百分数表示。污泥中有机物含量和无机物含量与研究活性污泥的活性、污泥消化的产气量等都有直接关系。

C 矿山废水的pH值测定

对于矿山废水来讲，pH值既是一项污染指标，又是净化中需要控制的指标。矿山废水的pH值差别极大，呈强酸性及强碱性的废水很多。pH值对废水的净化效果有直接影响，这是因为中和反应、化学混凝等过程均受pH值的制约。在各种不同pH值时，金属的沉淀程度视金属本身的性质、所形成的不溶性金属盐（如氢氧化物、碳酸盐等）的不同而不同。

图5-4所示为几种金属氢氧化物的理论沉淀性能与pH值的关系曲线。该曲线是矿山废水处理中除去重金属离子的非常重要的技术依据。Fe^{3+}在较低的pH值情况下形成氢氧化物沉淀，要想除去Cd，则必须把pH值调至9以上。更值得注意的是，有些金属离子，如Cr、Zn等，在pH值不同时会产生沉淀和反溶两种截然不同的反应。所以，矿山废水的净化，往往首先要测定pH值，并考虑pH值的调节方式。

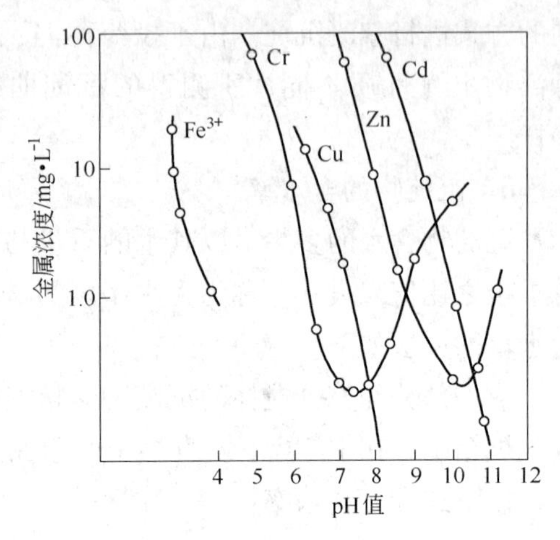

图 5-4 几种金属氢氧化物的理论沉淀性能与 pH 值的关系曲线

由于水所溶解的 CO_2 数量的变化，水的 pH 值经常会改变。因此，采回水样后应立即进行测定分析。测定水的 pH 值方法主要有：试纸法、比色法和电位法。

试纸法比较简单。使用时取试纸一条，浸入待测的水样中，半秒钟取出，与试纸上的标准色板比较，即得出 pH 值的大小。此法极为方便，但误差大，且不适用于色度高的溶液，只供粗略测定使用。

比色法是把待测溶液与指示剂所生成的颜色和由已知 pH 值的溶液与指示剂组成的标准色阶进行比较，当它们的颜色和标准色阶中某一溶液的颜色一致时，则表示它们的 pH 值相同。比色法也不需要使用仪器，简单易行，但该法也是一种粗略近似的测定方法。

电位法也称为玻璃电极法，主要是利用玻璃电极作指示电极、甘汞电极作参比电极组成一个电池，在25℃下，溶液中每一个 pH 单位，电位差变化为59.1mV。也就是说，电位差每改变59.1mV，溶液中的 pH 值就相应地改变一个 pH 单位。电位与溶液中 pH 值的关系符合能斯特方程式，即：

$$E = E^{\ominus} + 0.0591\lg c[\mathrm{H}^+] \quad (\text{在25℃温度时})$$

或

$$E = E^{\ominus} + 0.0591\mathrm{pH}$$

按上述关系，若将电压表上的刻度换算成 pH 值刻度，便可直接读出溶液的 pH 值。温度差异可以通过仪器上的补偿装置加以校正。

玻璃电极基本上不受含盐量的影响，也与溶液的颜色、浊度以及所含的胶体物质、氧化剂和还原剂无关。但是，当 pH 值大于 10 时，因有大量钠离子存在，产生较大的误差（即钠差）。因此，在测定碱性废水前，一般采用标准缓冲液对酸度计校正后再进行测定。

D 矿山废水的无机物成分的测定

如上所述，矿山废水中无机污染物主要有砷、硫化物、氯化物、氟化物以及放射性物质等，现简述如下。

a 重金属离子的测定

含重金属离子的废水，在冶金矿山废水中占很大比例。测定废水中重金属的含量，一方面能掌握其污染程度及其富集量的多少；另一方面，也可以借以确定采取回收工艺的经济合理性。重金属含量的测定方法主要有化学测定法和原子吸收分光光度仪测定法两种，目前多采用后一种方法测定。

b 硫化物的测定

水体中的硫化物，一般指金属与硫作用生成的化合物，但其中也包括硫化氢等非金属硫化物和有机硫化物。

自然水体中的硫化物，一部分是天然水溶蚀含硫矿物质进入地表与地下径流所致；另一部分是水或底泥中厌氧微生物以有机物为养料，将硫酸盐转化成硫离子造成的。含硫金属矿的选矿废水和硫化染料的制造、漂染等工业废水也含有数量不等的硫化物。硫化物是耗氧物质，它使水体中溶解氧减少，从而影响水生物、植物的生长，对人体具有强烈的刺激神经作用。所以河流、湖泊、生活饮用水及灌溉等环境用水均不能含有硫化物。

硫化物在地面水中按溶解氧计算，不得检出。废水排放的最高许可浓度为1mg/L。硫化物的测定常采用碘量法和比色法。

（1）碘量法。碘量法测定硫化物的原理是，硫化物与醋酸锌作用生成白色硫化锌沉淀。将此沉淀在酸性介质中与碘液作用，然后用硫代硫酸钠标准溶液滴定过量的碘液。其反应式如下：

$$Zn^{2+} + S^{2-} \longrightarrow ZnS\downarrow \text{（白色）}$$

$$ZnS + I_2 \longrightarrow ZnI_2 + S$$

$$I_2 + 2Na_2S_2O_3 \longrightarrow 2NaI + Na_2S_4O_6$$

（2）比色法。对氨基二甲基苯胺比色法测定的原理是，胺离子与对氨基二甲基苯在高铁离子的酸性溶液中生成亚甲基蓝，其蓝色深度与水中硫离子含量成正比关系。根据蓝色深浅进行比色定量分析。

c 氯化物的测定

自然界中很多矿物都含有氯化物，天然水中也含有氯化物，其中多以钠、钾、钙、镁等化合物的形式存在于水体之中。生活污水和工业废水中，一般都含有大量的氯化物。

氯化物对人体健康没有多大的影响，但水中的氯化钠超过250mg/L时，将使水质具有明显的盐味。氯化物含量较高的水体，对金属管道及其他构筑物有腐蚀作用。长期灌溉农田，则会形成盐碱地，影响农业生产。因此，氯化物含量多少也是水质监测的主要指标之一。氯化物测定方法一般多采用硝酸银滴定法，也可采用氯化银比浊法或氯离子电极法。

硝酸银滴定法测定的原理是，硝酸银与氯化物生成氯化银沉淀，用铬酸钾做试剂，当水样中氯化物全部与硝酸银作用后，过剩的硝酸银与铬酸钾作用生成砖红色的铬酸银沉淀，表示滴定至终点。根据硝酸银的消耗量，计算出氯化物的含量。其反应式为：

$$NaCl + AgNO_3 \longrightarrow AgCl\downarrow \text{（白色沉淀）} + NaNO_3$$

$$2AgNO_3 + K_2CrO_4 \longrightarrow 2KNO_3 + Ag_2CrO_4\downarrow \text{（砖红色沉淀）}$$

d 氰化物的测定

水体氰化物是由于工业废水排放造成的。就矿山而言，其水中氰化物主要来源于金属选矿及炼油、焦化、煤气工业等。例如，每吨锌、铅矿石进行浮选时，其排放的废水中氰化物的平均浓度为4～10mg/L，高炉煤气洗涤水中氰化物的含量最高可达31mg/L。

水体中氰化物的测定多采用滴定法、比色法以及电极法。当水中氰化物的含量在1mg/ L以上时，采用硝酸银滴定法比较适宜；水中氰化物的含量在1mg/L以下时，采用比色法为佳。

(1) 硝酸银滴定法原理。在碱性溶液（pH 值在 11 以上）中，以试银灵作为指示剂，用硝酸银溶液（标准）进行滴定，形成银硝络合物[$Ag(CN)_2^-$]，当到达终点时，多余的银离子与指示剂生成橙色络合物。根据硝酸银的用量，可求得氰化物的含量。其反应式为：

$$Ag^+ + 2CN^- \longrightarrow [Ag(CN)_2^-]$$

(2) 比色法原理。吡啶盐酸联苯胺比色法的测定原理是，在酸性溶液中，溴水使氰化物变成溴化氰，以硫酸肼除去多余的溴，加入吡啶盐酸联苯胺试剂，生成橘红色的烯醛衍生物。所显颜色的深浅与氰化物含量成正比关系。可用比色法测定氰化物的含量。

E 矿山废水有机物成分的测定

水体中有机污染物种类繁多，成分复杂，主要有碳水化合物、脂肪、蛋白质、酚类、醛、硝基化合物等。其测定方法也各不相同，大致可归纳为综合指标法和单项测定法两类方法。综合指标法主要是测定水中溶解氧（DO）、生化需氧量（BOD）、化学需氧量（COD）以及总有机碳（TOC）等；单项测定法主要是测定酚类、有机氨农药、阴离子洗涤剂等。

矿山废水有机污染物的测定主要采用综合指标法，现简述如下。

a 水中溶解氧（DO）的测定

溶解于水中的游离氧称为溶解氧，通常用 mg/L 表示。水中溶解氧主要来源于空气中的氧溶解于水和水生生物光合作用放出的氧。溶解氧是水质好坏的重要指标。清洁的地面水中所含溶解氧量接近饱和状态。生活污水和工业废水中，因含有大量的有机物质和无机还原物质，如碳水化合物、醛类、可氧化的含氮化合物等，在进行生物氧化分解时，这些物质要消耗水中的溶解氧，导致水体中的溶解氧量大量减少，污染严重时，溶解氧量可减少到零。这时厌氧菌将大量繁殖，有机物腐败、使水质恶化，水生动植物因缺氧而无法生存（水体中溶解氧含量低于 4mg/L 时，鱼类就不能生存）。所以，溶解氧的测定是衡量水体污染程度的一个重要综合指标。

溶解氧的测定一般采用碘量法和隔膜电极法两种方法。

(1) 碘量法。碘量法测定溶解氧的实质是，在水样中加入硫酸锰，和氢氧化钠-碘化钾溶液作用，生成氢氧化锰白色沉淀，即：

$$MnSO_4 + 2NaOH \longrightarrow Mn(OH)_2 \downarrow + Na_2SO_4$$

这种沉淀很不稳定，它立即与水样中溶解氧进行氧化还原反应，生成锰酸锰棕色沉淀。其反应式为：

$$O_2(\text{水样中}) + 2Mn(OH)_2 \longrightarrow 2H_2MnO_3$$

$$2H_2MnO_3 + 2Mn(OH)_2 \longrightarrow 4H_2O + 2MnMnO_3 \downarrow$$

然后浓硫酸酸化，使锰酸锰与碘化钾（KI）反应，析出碘（I_2）来，碘的析出量与溶解氧呈定量关系。溶解氧越多，析出的碘就越多，溶液的颜色就越深。其反应式为：

$$2MnMnO_3 + 4H_2SO_4 + 4HI \longrightarrow 6H_2O + 4MnSO_4 + 2I_2$$

反应析出的碘，以淀粉做指示剂，用硫代硫酸钠标准溶液滴定至终点（蓝色消失为止），其反应式为：

$$I_2 + 2Na_2S_2O_3 \longrightarrow 2NaI + Na_2S_4O_6$$

结果计算为：

$$c(\mathrm{DO}) = \frac{NV_L}{V_S}$$

式中　$c(\mathrm{DO})$——水样中溶解氧摩尔浓度，mol/L；

N——硫代硫酸的摩尔浓度，mol/L；

V_L——硫代硫酸溶液的用量，mL；

V_S——取水样体积，mL。

（2）隔膜电极法。这种方法的原理是，利用只能透过气体而无法透过溶质的薄膜（通常采用约 10^{-2}cm 的聚乙烯或聚氟乙烯材料）将电池和试样隔开，其透过薄膜的氧在电极上还原，产生微弱的扩散电流，而扩散电流和试样中的氧分子浓度呈线性比例关系。

根据这一原理制成的溶解氧测定仪器很多，如 WOSTN 溶解氧分析仪、STANK 溶解氧分析仪、YS-154 型测氧仪及 TH-2 型溶解氧分析仪等。

b　生化需氧量（BOD）的测定

生化需氧量的测定方法与溶解氧的测定方法相同，所不同的就是先在采集的水样中加入一定量特制的稀释水，并培养 5 天（也有人建议培养 20 天，甚至 100 天，但 5 天就基本上达到平衡）。测定时，要测两次：一次是当时的溶解氧（DO）；另一次是培养一定时间后的溶解氧（DO），两者之差即为生化需氧量（BOD）。特制的稀释水实际上就是给水中补充微生物养料，即在蒸馏水中加硫酸镁、氯化铁、氯化钙以供微生物繁殖之用。

除了上述方法外，近来，有关部门根据库仑分析原理研制成功了生化需氧量（BOD）自动分析仪，如图 5-5 所示。

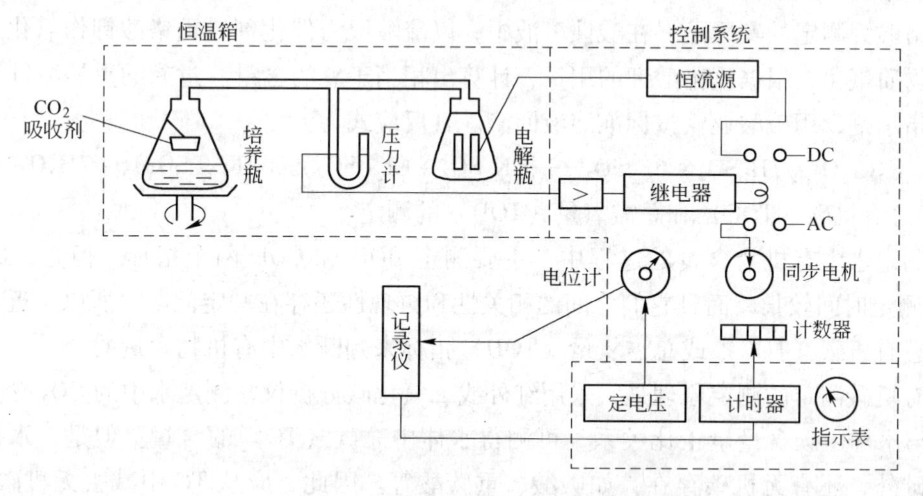

图 5-5　BOD 自动测定记录装置示意图

c　化学需氧量（COD）的测定

化学需氧量是指在一定条件下，水中还原性物质（包括有机的和无机的）被氧化剂氧化所消耗氧化剂的量。因此，测定化学需氧量可以了解水中被还原性物质污染的轻重程度，它是衡量水质好坏的综合指标。COD 测定方法有：酸性高锰酸钾法、碱性高锰酸钾法及重铬酸钾法等。其中，酸性和碱性高锰酸钾法适用于污染较轻的地表水样 COD 的测定；重铬酸钾法适用于污染较重的 COD 测定。以下简述各种测定方法的基本原理。

（1）酸性高锰酸钾法。酸性高锰酸钾法适用于水样中所含氯离子少于 300mg/L 的水样。其测定的实质是，在酸性溶液中，加入准确称量的高锰酸钾溶液氧化水中还原性物质，所剩下的高锰酸钾再用过量而又准确称量的草酸予以滴定还原。而过量的草酸可用高锰酸钾滴定至终点。根据高锰酸钾的用量来计算水中化学需氧量，其反应式为：

$$MnO_4^- + 8H^+ + 5e \longrightarrow Mn^{2+} + 4H_2O$$

$$MnO_4^- + 5C_2O_4^{2-} + 16H^+ \longrightarrow 2Mn^{2+} + 8H_2O + 10CO_2 \uparrow$$

（2）碱性高锰酸钾法。当水样中所含的氯离子超过 300mg/L 时，则必须用碱性高锰酸钾去进行测定。其测定原理是，在碱性溶液中，加入过量的高锰酸钾，氧化水样中的还原性物质，而其本身变为二氧化锰，其反应式为：

$$MnO_4^- + 2H_2O + 3e \longrightarrow MnO_2 + 4OH^-$$

还原作用完成后，把反应溶液酸化，并加入经准确称量的过量草酸溶液，将剩下的高锰酸钾和反应生成的二氧化锰还原。过量的草酸可再用高锰酸钾滴定，以测知化学需氧量。

（3）重铬酸钾法。当水样中含有比较多而难以氧化的有机物质时，用高锰酸钾法不能完全分解氧化它们，而重铬酸钾在酸性溶液中是强氧化剂，在加热的条件下，比高锰酸钾能更好地氧化水中的有机物质和还原性物质。因此，重铬酸钾法适用于污染比较严重的水质测定，如矿山废水、生活污水等。

重铬酸钾测定的实质是，在酸性溶液中，以硫酸银为催化剂，重铬酸钾作氧化剂，将还原性物质氧化，根据重铬酸钾的用量，计算出相当于氧的含量。过剩的重铬酸钾用试亚铁灵作指示剂，用硫酸亚铁按标准溶液回滴。其反应式为：

$$K_2Cr_2O_7 + 7H_2SO_4 + 6FeSO_4 \longrightarrow K_2SO_4 + Cr_2(SO_4)_3 + 3Fe_2(SO_4)_3 + 7H_2O$$

d 总有机碳（TOC）和总需氧量（TOD）的测定

在测定水中有机物含量的过程中，主要测定 BOD 和 COD 两个指标。但是，BOD 和 COD 的测定时间较长，而且它们之间的相关性和再现性还存在一定问题。所以，近几年也有采用总有机碳（TOC）或总需氧量（TOD）指标来判断水中有机物含量的。

总有机碳测定的测定原理是，采用红外线二氧化碳分析仪，测定水中的 CO_2 含量。由 CO_2 量与水样中碳含量呈正比关系，可测得水体中总碳（TC）的含量。但是，水体中除了有机碳外，还有无机碳存在，如碳酸、重碳酸等。因此，应从 TC 中减去无机碳（IC）含量，才是 TOC 的含量。IC 可采用低温燃烧管（为 150℃），管内充填浸渍磷酸的石英片及等量水样，进行无机物低温氧化放出 CO_2 气体（因低温有机物不氧化），测定 CO_2 量，即可换算成无机碳（IC）量。这种方法测定的特点是速度快、再现性强、结果可靠。所以这个指标越来越引起人们的重视。

总需氧量的测定是在特殊的燃烧器中，以铂为催化剂，在900℃的温度下，使一定量的水样汽化，并与载体（氧气）共同燃烧，把燃烧过的气体脱水后，送入氧化锆或检氧装置中，测定剩余氧，载体中氧的减少量即为水样中能被氧化物质完全氧化时所需要的氧量（TOD）。可见，这种方法也具有简便、快速的特点，而且比BOD和COD测定法更接近实际。但是，这种方法还存在着一定的误差，所以尚不能作为唯一综合指标应用。

5.2.3 矿山废水处理的基本方法

5.2.3.1 矿山废水污染的控制

为了解决矿山废水所造成的危害，必须采取各种措施和方法，严格控制废水排放，减少废水对周围环境的污染。

A 控制废水的基本原则

由于矿山废水排放的特性，决定了该废水的处理原则是：采取最有效、最简便和最经济的处理方法，使处理后的水和重金属等物质都能回收利用。因此应做到以下几点基本要求：

（1）改革工艺、抓源治本。污染物质是从一定的工艺过程中产生出来的，因此，改革工艺以杜绝或减少污染源的产生，是控制废水污染最根本、最有效的途径。如选矿厂生产可采用无毒药剂代替有毒药剂，选择污染程度少的选矿方法（如磁选、重选等），这样就可以大大减少选矿废水中的污染物质。国外已开始应用无氰浮选工艺，我国也有不少单位正在开展氰化物及重铬酸盐等剧毒药剂代用品方面的研究，并取得了一定的实效。如广东某铅锌矿，过去一直是采用氰化钠作为铅锌分选的抑制剂，致使尾矿水和铅锌精矿浓缩溢流水氰含量大大超过排放标准，曾先后污染了几千亩农田，造成了大量牲畜及水生物死亡，现改成无毒浮选工艺，采用硫酸锌代替氰化钠，不仅减少了污染危害，而且也提高了选矿厂的经济效益。

（2）循环用水、一水多用。采用循环供水系统，使废水在一定的生产过程中多次重复利用或采用接续用水系统，既能减少废水的排放量，减少环境污染，又能减少新水的补充，节省水资源，解决日益紧张的供水问题。如矿山电厂、压气站用水和选矿厂废水循环利用等。特别是选矿厂废水的循环利用，还可回收废水中残存的药剂及有用的矿物，既能节省用药量，又能提高矿物的回收率。如河北某铜矿，每天排放废水达两万余吨，过去直接排入渤海，引起近海水资源的污染，后来该矿进行了选矿工艺改革，加高了尾矿坝，开凿了一千多米地下隧道，架设了几百米的污泥管道，使尾矿溢流水利用高差自流到选厂循环利用，使水的回收率达到90%以上，基本上实现废水闭路循环使用。

（3）化害为利、变废为宝。工业废水的污染物质，大都是生产过程中进入水中的有用元素、成品、半成品及其他源物质。排放这些物质既污染环境，又造成了很大的浪费。因此，应尽量回收废水中的有用物质，变废为宝、化害为利，这是废水处理中优先考虑的问题。据估计，全国有色企业每天排“三废”中的剧毒物质，如汞、镉、砷就达两万多吨，若能正确地回收与处理这些废弃物，将有一举多得的好处。

B 控制矿山废水的措施

采取“防”、“治”、“管”相结合的方法，严格控制废水的形成和排放，这是控制和减少水污染的积极措施。

a 选择适当的矿床开采方法

地下采矿时，选择使顶板及上部岩层少产生裂隙或不产生裂隙的采矿方法，这是防止地表水通过裂隙进入矿井而形成废水的有效措施。露天开采时，应尽量避免采用陡峭边坡的开采方法，以减轻边坡遭水蚀及冲刷现象；及时覆盖黄铁矿的废石，以防止氧化；下边坡应留矿壁，以防止地面水流入采场；可能情况下应回填采空区，以免积水；合理布置采矿场排水沟，如图 5-6 所示。

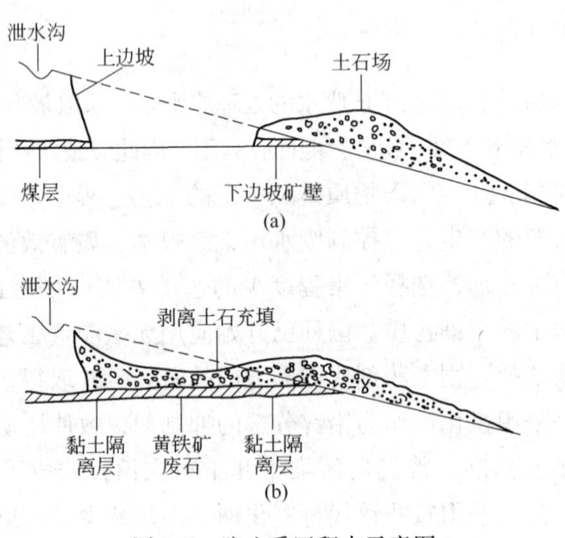

图 5-6 防止采区积水示意图

(a) 保留矿壁；(b) 采毕充填空场

b 控制水蚀及渗透

地下水、老窿水、地表水及大气降雨渗入废石堆后，流出的将是严重污染了的水。因此，堵截给水、降低废石堆的透水性，是防止和减少水渗透的有效措施。高速水流经废石堆时会出现水蚀现象，使水受污染。将废石堆整平、压实，植被废石堆，以导开地表水流，这是防止废石堆水蚀的有效方法，如图 5-7 所示。

此外，利用某种化学物质喷洒硫化矿废石堆表面，使之与空气和水隔绝也是控制水污染的有效措施。

c 控制废水量

在干燥地区也可建造池浅而面积大的废水池蒸发废水，对排水量大的矿山来说，这是

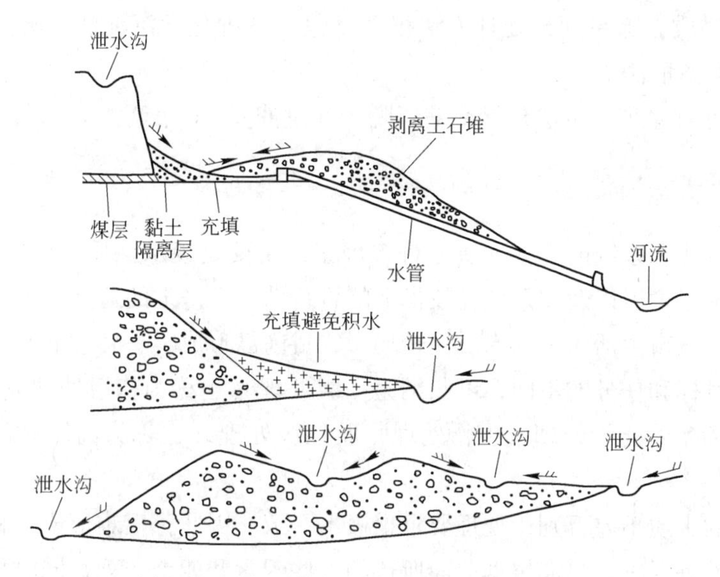

图5-7 露天采场埋设水管排水及径流控制

减少废水处理量的合理办法。

d 平整矿区及其植被

平整遭受破坏的土地，可以收到掩盖污染源、减少水土流失、防止滑坡及消除积水的效果。植被可以稳定土石，降低地表水流速度，因而能在一定程度上减少水土流失、水蚀及渗透。让废水流经某些种植物的地面后排入河流，也能使矿井水得到一定的净化。

5.2.3.2 矿山废水处理系统

A 废水处理系统的基本概念

a 废水处理系统的含义

废水的种类和性质非常复杂，处理的目的要求也各不相同，因此往往需要将几种处理方法（或称单元技术）组合起来，并合理地配置其主次关系和前后顺序，使之构成一个有机的整体，才能最有效、最经济地实现处理任务。这种由几种单元过程合理组合成的整体，称为废水处理系统。把这种处理系统以图形方式表示出来，则称为处理系统图，或称为工艺流程图。

b 废水处理系统的组成

废水处理系统一般都由几个处理系列组成。处理系列就是用来完成某特定处理目标的一种或几种方法组合的序列。处理目标可以有各种分类法，废水处理通常按所去除物质颗粒大小、性质（称为颗粒级谱）来确定处理目标。按照这种处理目标划分，并包括泥渣的处理在内，可以把矿山废水处理系列分为以下4类：

（1）颗粒状物质去除系列，方法有筛分法、重力分离法等。

（2）悬浮颗粒和胶体去除系列，方法包括浓缩、澄清、混凝沉淀等。

(3) 溶解物质去除系列，处理方法很多，包括各种化学沉淀法、吸附法、离子交换法、膜分离法、萃取法等。

(4) 泥渣处理系列，方法包括浓缩、脱水（过滤）、干燥等。

B 废水处理方法和处理系统的选择确定

废水处理方法和系统的选择取决于许多因素，主要是废水性质、对出水水质的要求、需要的场地、未来发展以及该系统在技术上的可行性和经济上的适宜性等。

一般地说，城市生活污水的水质比较均一，目前已形成了一套行之有效的典型处理系统。根据处理目标和任务的不同，可归纳为一级处理（也称为初级处理或机械处理）、二级处理（也称为生物化学处理或生物处理）及三级处理（也称为高级处理）等三级处理方式。

工业废水的水质千差万别，处理要求也极不一致。因此，很难形成一种像城市生活污水那样的典型处理系统。只能根据前面所述的一些因素和四个系列，同时根据试验研究资料和参考某些厂矿经验，认真选择与论证特定情况下的处理方法和袭用。归纳起来，正确选择废水处理系统，应从以下几点入手：

(1) 废水的水质及水量特征是正确选择处理系统的出发点。从废水的种类来说，需要考虑采用混合处理还是单独处理，或者单独处理一定程度后再混合处理；从排水量及排水规律来说，需要考虑是否要设置蓄水池、均合池，是连续还是间歇运行等。从污染物质种类和浓度来说，需要考虑和分析的内容就更多，因为这是选择处理方法和处理设备的主要依据。例如，当污染物为胶体时，要考虑采用混凝、气浮、生物絮凝等方法；当污染物为溶质时，就要考虑采用化学沉淀、萃取、离子交换等物理化学方法；如果有几种污染物存在，就要考虑用一种方法还是用几种方法联合处理问题；若污染物浓度足够高，具有回收价值，就应选择能吸收利用有价值成分的方法。

(2) 废水处理后的利用或排放以及对水质的具体要求，是决定和选择处理系统的关键。根据水质的具体要求，考虑处理工艺的繁简深浅、处理规模的大小，以正确地选择与确定水处理系统。

(3) 进行全面的技术经济综合比较是选择与确定处理系统的基本方法。这一条最重要的是要进行多方案的比较，从技术上、经济上认真分析和论证，选择和确定出最佳方案。

C 废水处理系统的设计

正确选择与确定废水处理系统是整个设计的中心环节和重要内容。一般的设计应包括：必须贯彻国家环境保护及其他有关的方针政策；必须遵守国家《环境保护法》和建设项目环境管理方面的规章制度；必须根据具体情况，在总结生产实践经验和科学研究成果的基础上，充分论证比较，确定方案；必须依据准确可靠的原始资料和设计参数进行设计、计算；必须按规定编制概算和预算。

设计程序和设计阶段按国家规定的有关规章制度和办法进行。

5.2.3.3 工业废水处理的基本方法

废水处理的目的，就是用各种方法将废水中含有的污染物分离出来，或将其转化为无害物质，从而使废水得到净化。工业废水的处理方法很多，可按其处理原理划分为物理法、化学法、物理化学法及生化处理法等类型，现简述如下。

A 物理处理法

这种方法比较简单，主要是通过沉淀、过滤、浮选等物理手段，除去废水中的固体悬浮物质。属于这种类型的方法有5种。

a 筛选法

筛选法是废水预处理工艺中常采用的方法。主要是筛滤废水中大颗粒物质，以防废水在排放过程中损坏排水设备，如水泵、管道、阀门等。其设置方式是在废水流入水池前，在排水沟道中安置活动栅或固定格栅，以筛滤废水中大颗粒物质。通常废水通过格栅的流速以0.3m/s为宜。

b 过滤法

过滤法是使废水通过多孔滤料，进一步降低固体悬浮物的处理方法。过滤法按其工作原理又可分为重力过滤法、真空过滤法、离心过滤法和压力过滤法4种。采用重力过滤法可除去浓度较低的液体悬浮物质；采用真空过滤法可使浓度较高的泥浆脱水；采用压力过滤法可滤去水中的微小固体颗粒：采用离心过滤法主要除去水中的胶体微粒。一般应根据废水具体情况及处理要求适当选用方法。当前我国主要采用的是离心过滤法及重力过滤法，相应的设备主要有机械滤罐及重力式快滤池等。

图5-8所示为重力式快滤池的构造及工作过程示意图。过滤时，废水由进水管经闸门进入池内，并通过滤料层和垫层流到池底，水中的悬浮物和胶体被截留于滤料表面和内层空隙中，滤过的水由集水系统闸门排出。随着过滤过程的进行，污物在滤料层不断积累，当过滤头损失超过滤池所能提供的水头（高、低水位之差），或者出水中污染物浓度超过许可值时，即应终止过滤，进行反洗。反洗时，冲洗水进入配水系统（即过滤时的集水系

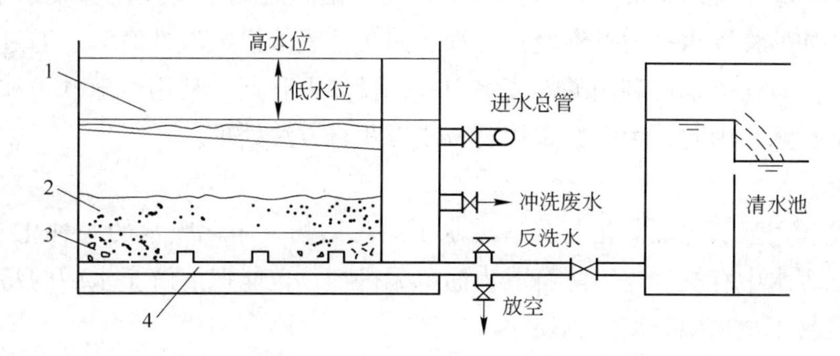

图5-8 重力式快滤池的构造及工作过程示意图

1—洗砂排水槽；2—滤料层；3—垫层；4—集水系统（配水系统）

统），向上流过垫层和滤料层，冲去沉积于滤料层内的污物，并夹带着污物进入洗砂排水槽，由此经闸门排出池外。反洗完毕后，即可进行下一循环的过滤。

在采用过滤法时，以焦炭为滤料处理含氰废水，其效果显著。氰化物在焦炭表面被催化成 CO_2 和 N_2，除氰效率在90%以上。吸附病菌效率可达99.6%以上。

c 沉淀法

一般废水经过筛滤法处理，除去较大的固体颗粒后，可用沉淀法除去其中的固体悬浮物质。这是一种最经济的使用方法。根据固体颗粒物质的特性，沉淀法分为3种类型：

（1）分离沉降。它指颗粒之间互不聚合，单独进行沉降，因而颗粒的物理性质（大小、形状、密度）在此过程均不发生任何变化，如沉砂池中的砂粒沉降。

（2）絮凝沉降。它指沉降颗粒附聚，颗粒密度及其沉降速度也随之变化，如初次沉淀池发生的沉淀。

（3）区域沉降。它指颗粒形成一种绒体，大面积的沉降，并与液相有显著的界面，如二次沉淀池中的活性污泥沉降等。

d 吹脱法

若废水中含有较多易挥发物质时，可采用此方法。此方法是将压气压入废水中，使易挥发物质吸附于压气并逸出，以达到除去挥发性物质的目的。而逸出的气体则可使其逸散到空气中或直接引入燃炉中作为燃料，也可将逸出的气体加以回收，进行综合利用。

e 气浮法

气浮法就是将空气压入废水中，水中乳状油粒（0.5~2.5μm）和悬浮颗粒（固体或液态颗粒）黏附在气泡表面，并随气泡升浮到水面形成泡沫层，然后用机械方法清除，使污染物从废水中分离出来。

B 化学处理法

这是一种通过化学反应的作用来分离与回收废水中处于各种形态的污染物质，或改变污染物质的性质，使其从有害变成无害。

a 中和法

这是保护水域不受污染的一种基本方法。主要是利用化学手段调整废水中的酸碱度，使其呈中性。如酸性废水利用碱性废水中和、向酸性废水投加碱性废渣、通过碱性滤料层过滤中和等；而碱性废水可利用酸性废水中和、投加中和剂、利用烟道气中和等。金属矿山废水多为酸性水，因此，大多数采用石灰或石灰石方法处理。

b 氧化法

氧化法是利用强氧化剂氧化与分解废水中的污染物，净化废水的一种化学处理方法。强氧化剂能把废水中有机物逐步降解成为简单无机物，也能把溶解于水中的污染物氧化为不溶于水而且易于从水中分离的物质。

氧化进行的方式有空气氧化、化学氧化和电解氧化3种。空气氧化是将废水暴露在空气中，利用空气中的氧进行氧化；化学氧化是在废水中加入氧化剂，如通入液态氯或投加次氯酸，或通入臭氧等，使其产生氧化还原反应；电解氧化是在废水中插入两个电极，阳极可采用石墨板，阴极可采用普通钢板，通电后在阳极板上发生电解氧化作用，以除去废水中某些污染物质的毒性。

c 凝聚法

当废水中含有胶状物质，采用物理方法处理达不到目的时，常采用化学凝聚法进行处理。即在废水中加入凝聚剂，如碳酸铝、硫酸铁、硫酸亚铁、明矾、氯化铁等，以消除胶体所带电荷，使之变成絮状物质而迅速地沉降，以达到废水净化的目的。近年来，国外广泛采用碱式氯化铝作为凝聚剂，该物质具有形成颗粒大、凝聚速度快、用量小、成本低等优点，效果十分显著。

d 离子交换法

当除去或回收废水中的重金属时，常用离子交换法进行处理。离子交换法是一种特别的吸附过程，即吸附重金属离子的同时放出等当量的离子，这就是该方法的实质。该方法主要是在液相和固相之间进行离子交换，以达到废水净化和回收重金属的目的。现仅以不溶于水体的固体磺酸（$R—SO_3H$）为例，对离子交换法净化水的原理加以说明。把磺酸置于含食盐的水溶液中，则液相和固相之间产生如下反应：

$$R—SO_3H + NaCl \longrightarrow R—SO_3Na + HCl$$

由反应式可见，水溶液中的一部分钠离子吸附到固体磺酸上，同时，另一部分等量的氢离子从固体磺酸上溶离到水溶液中，这种反应称为离子交换。显然，利用离子交换法可以从废水中分离电解质。

C 物理化学处理法

运用物理和化学的综合作用使废水得到净化的方法有：吸附法、泡沫分离法、反渗透法。

a 吸附法

当废水中含有较多的溶解态的污染物分子和离子时，可采用吸附法。该法是让废水与多孔性固体吸附剂接触，利用吸附剂表面的活性，将分子态或离子态污染物吸附或浓集于其表面，然后将吸附剂和废水分离，达到净化废水的目的。吸附剂通常采用活性炭、活性硅石及腐殖酸等物质。

活性炭对废水中有机物具有较强的吸附能力。例如对酚、苯、石油及其产品、杀虫剂、洗涤剂、合成染料、胺类化合物都有很好的去除效果。

采用吸附法所使用的设备类型有固定床、流化床和移动床 3 种。图 5-9 所示为活性炭移动床吸附柱的构造示意图。废水从吸附柱底部进入，处理后的水由吸附柱上部排出。在操作过程中，定期将饱和的活性炭从柱底排出，送至再生装置进行再生。与此同时，将等量的新鲜活性炭从柱顶储炭斗加至吸附柱内。

b 泡沫分离法

用物理处理法的气浮法后尚不能清除废水中污染物时，投加浮选剂，改变污染物表面特性，使某些亲水性物质转变为疏水性物质，随气泡浮升到水面、形成泡沫层，然后用机械法清除，使污染物得以从废水中分离，这就是泡沫分离法。

c 反渗透法

反渗透法是利用半渗透膜和加压的办法分离水中污染物质的一种方法。

一般渗透作用是溶剂通过半渗透膜，从低浓度溶液流向高浓度溶液，如果在高浓度一面加压，使压力超过渗透压力时，则溶剂出现反向流动，即从高浓度溶液流向低浓度溶液，这种现象称为反渗透作用。该方法就是利用这种反渗透作用，除去废水中的有机和无机污染物质，以达到净化废水的目的。目前，半渗透以醋酸纤维为最好。此法操作简单、方便、效率高，但是处理费用较高，经济效果差。

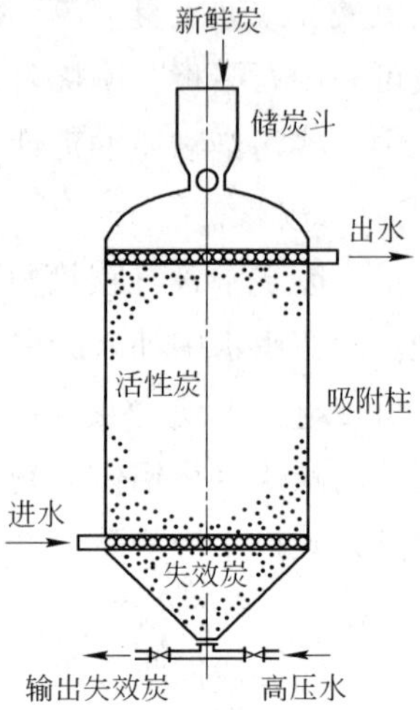

新鲜炭
储炭斗
出水
活性炭
吸附柱
进水
失效炭
输出失效炭
高压水

图 5-9 活性炭移动床吸附柱的构造示意图

D 生化处理法

生化处理法，也称为生物处理法，这是一种历史最久而相当行之有效的废水处理方法。它是利用水体中多种微生物，将水体中的有机物分解成无毒、无害的简单无机物，以达到净化废水的目的。属于这种类型的处理方法有好气生化处理法和嫌气生化处理法。

a 好气生化处理法

好气生化处理法就是在废水中通入大量的空气，促使好气微生物大量繁殖，并注意调节 pH 值（6～9）、温度（20～40℃）和增加必要的养料（BOD∶N∶P＝100∶5∶1）等条件，以利于微生物的发育和生长。当微生物大量繁殖时，就可将废水中的有机物大量分解，转化为二氧化碳、水、氨及磷酸盐等，就可达到清除污染物的目的。含氰废水经过处理后，使氰被氧化成二氧化碳、水、氨盐等无毒物质，从而使水得到净化。

b 嫌气生化处理法

嫌气生化处理法就是在缺氧的条件下，利用嫌气微生物来进行废水处理的一种技术。该方法适用于处理有机物含量较高的废水，即生化需氧量在 500～1000mg/L 以上的废水。

嫌气微生物对有机物具有很强的分解能力，它能将有机物分解并转化为甲烷和二氧化碳，使废水得到净化。同时，还可将甲烷气体收集起来作燃料。嫌气微生物除去污染物的效率可达 80%～90%。当处理条件适宜时，净化效果更好，如使废水温度达到 53～54℃时的处理效果比水温为 37～38℃时提高 2.5 倍。

嫌气生化处理法与好气生化处理法相比较，其处理费用较低，处理后的产物甲烷还可作燃料，但该方法在分解过程中产生大量硫化氢，使水产生恶臭味，同时水体颜色变黑。因此，该方法有待于进一步研究改进。

5.2.3.4 矿山废水处理基本方法

一般井下废水通常采用筛滤法和过滤法，即在水池入口处设格栅、砾石或其他滤料，使采掘工作面排出的废水先通过格栅，除去大块物料，再经过滤料进行过滤，然后进入井底水仓。附设有澄清池的水仓布置如图 5-10 所示。

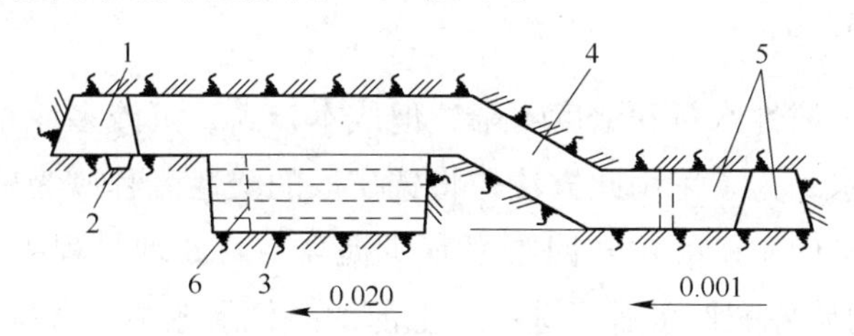

图 5-10　附设有澄清池的水仓布置

1—运输大巷；2—水沟；3—澄清水池；4—绕道；5—水仓；6—挡水墙

一般在矿井水仓进水的一侧构筑澄清水池。澄清水池的容积应能容纳矿井 2h 的正常涌水量。有时还在澄清水池前面设置过滤井，其深度多为 1～1.5m，位于运输大巷一侧。在过滤井内沿对角线设过滤网或带孔铁板，以便滤去井下废水中的大颗粒杂质。为了较好地澄清矿坑水，也可以在井底水仓进水一侧连续设置 2～4 个澄清池，并在其上安置格栅，在格栅上铺以焦炭层。使矿坑水通过几个澄清池过滤，然后再自动流入井底水仓。

矿山废水多为酸性水，通常采用中和法。这种方法简单方便，可处理不同性质、不同浓度的酸性水，尤其适用于处理含重金属和杂质比较多的矿井酸性水。矿井采用中和法处理酸性水的一般流程如图 5-11 所示。常用的中和方法有 3 种。

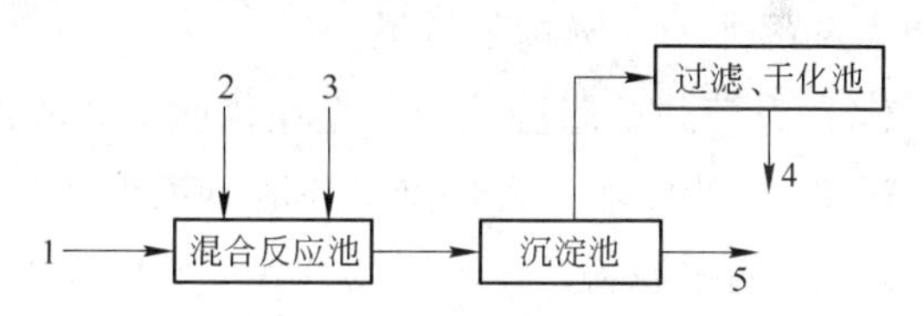

图 5-11　矿井酸性水处理流程图

1—矿井酸性废水；2—加入碱性药剂；3—搅拌器；4—出水；5—净化后的水

A　利用碱性废水、废渣中和

这种方法既能除碱，又能除酸，一举两得。当附近有电石厂、造纸厂等排出碱性废水、滤渣时，宜采用这种方法。例如，龙游黄铁矿选矿厂将酸性流程改为碱性流程后，尾矿水呈碱性，与矿区酸性水同时排入河道进行自然中和，改善了被污染的水体，使排入河流后 2km 区段内仍有鱼类生长。

中和酸性废水的计算公式为：

$$Q_1B_1 = Q_2B_2aK$$

式中　Q_1——碱性废水流量，m^3/h；

Q_2——酸性废水流量，m^3/h；

B_1——碱性废水浓度，mol/m^3；

B_2——酸性废水浓度，mol/m^3；

a——中和 1kg 酸所需碱量，参见给排水手册；

K——反应不均匀系数，取 1.5～2.0。

B 加石灰和石灰乳中和

采用此方法处理的酸性水量和浓度不限，但成本较高，沉渣多而难处理。向山硫铁矿厂结合处理矿井酸性水，为了采用此方法，将选矿厂的酸性流程改为碱性流程，既处理了矿井排出的酸性水，又使精矿品位和回收率有所提高。其处理过程为：将 pH 值为 3 ~ 4、流量约为 $4000m^3/d$ 的矿井酸性水送至选矿厂上部的高位水池中，再流入药池，加入 pH 值为 12 ~ 14 的石灰乳，调整 pH 值至 8 ~ 9 后，直接供选矿厂用水，其使用量为 $0.8 \sim 1.5kg/m^2$。

C 用具有中和性能的滤料进行过滤中和

可作为过滤中和的物料有石灰石、白云石和大理石等。目前，国内外厂矿企业对酸性水做过滤中和时，常采用的设施有：

(1) 普通中和滤池。用粒径较小的石灰石作滤料，可处理硫酸含量不超过 1.2g/L 的废水。因中和反应生成的硫酸钙在水中的溶解度小，经常沉结在滤料表面，致使滤料失去过滤中和的能力，影响其效果。

(2) 升流式膨胀滤池。它是在普通中和滤池基础上进行改进的滤池，可处理硫酸含量不超过 2g/L 的废水。其特点是滤池体积小、管理操作简便。酸性废水由池底以 50 ~ 70m/s 速度向上通过滤料，使粒径为 0.5 ~ 3.0mm 的石灰石呈“悬浮”状态不断地翻滚，互相碰撞摩擦，使过滤中和生成的硫酸钙不易在滤料表面沉结，效果稳定。

(3) 卧式过滤中和滚筒。用以处理的废水含酸浓度可高达 17g/L，对处理硫化矿矿山酸性水是一种较理想的设施。

5.3 矿山产生废石的治理

5.3.1 矿山固体废弃物处置设施的建设

矿业固体废弃物的处置是指用安全、可靠的方法堆存矿山固体废弃物，以达到保护环境和供将来利用的目的。矿业固体废弃物处置方法主要包括矿业固体废弃物的排土场和尾矿堆存库（尾矿库）。排土场和尾矿库处置技术还包括灾害预警与灾害控制、环境污染的防治以及处置设施的建设。

5.3.1.1 尾矿库

A 尾矿库及其特点

a 定义

尾矿库是指筑坝拦截谷口或围地构成的，用以堆存金属或非金属矿山矿石分选后排出的尾矿或其他工业废渣的场所。尾矿是指金属或非金属矿山开采出的矿石经选矿厂选出有价值的精矿后排放的废渣。冶炼废渣形成的赤泥库以及发电废渣形成的废渣库也按尾矿库进行管理。这些尾矿由于数量大，含有暂时不能处理的有用或有害成分，如果随意排放会造成资源流失，大面积覆没农田或淤塞河道，污染环境。

尾矿设施是矿山生产设施的重要组成部分，其投资较大，一般约占矿山建设总投资的5%～10%。我国的尾矿库主要集中在有色、冶金、化工、黄金、建材和核工业等行业，初步统计，我国已形成一定规模的尾矿库约1700余座。库容超过1亿立方米的有10余座，最大的是江西德兴铜矿的4号尾矿库，库容达8.3亿立方米。

尾矿库是筑坝拦截围地构成用于集中堆存尾矿的场所，有一定的填充作用，具有占地面积少、可以长时间存储的优点。但尾矿库又是一个具有高势能的人造泥石流危险源，存在溃坝危险，一旦失事，容易造成重特大事故。

b 尾矿库的基本构成

尾矿库一般由尾矿堆存系统、尾矿库排洪系统、尾矿库回水系统等几部分组成，同时包括库区、尾矿坝、排洪构筑物和坝的观测设备等。

（1）尾矿堆存系统。一般包括坝上放矿管道、尾矿初期坝、尾矿后期坝、浸润线观测、位移观测以及排渗设施等。

（2）尾矿库排洪系统。一般包括截洪沟、溢洪道、排水井、排水管、排水隧洞等构筑物。

（3）尾矿回水系统。大多利用库内排洪井、管将澄清水引入下游回水泵站，再扬至高位水池，也有的在库内水面边缘设置活动泵站直接抽取澄清水，扬至高位水池。

c 尾矿库的作用

尾矿库的作用主要是：

（1）保护环境。选矿厂产生的尾矿不仅数量大，颗粒细，且尾矿水中往往含有多种药剂，如不加以处理，必然会严重污染选矿厂周围环境。将尾矿妥善储存在尾矿库内，尾矿水在库内澄清后回收循环利用，可有效地保护环境。

（2）充分利用水资源。选矿厂生产是用水大户，通常每处理1t原矿需用水4～6t，有些重力选矿用水甚至高达8～20t。这些水随尾矿排入尾矿库内，经过澄清和自然净化后，大部分的水可供选矿生产重复利用，起到平衡枯水季节水源不足的供水补给作用。一般回水利用率达70%～95%。

（3）保护矿产资源。有些尾矿还含有大量有用矿物成分，甚至是稀有和贵重金属成分，由于技术和经济原因还无法全部回收利用，将其暂储存于尾矿库中，可待将来再进行回收利用。

B 尾矿库的类型

尾矿库的形式主要有4种类型：山谷型、傍山型（山坡型）、平地型、截河（湖）型。矿山尾矿的输送一般为矿浆水力输送，输送方式有明渠和管道，下面就其特点和适用情况进行分析。

a 山谷型尾矿库

山谷型尾矿库是在山谷谷口处筑坝形成的尾矿库，如图 5-12 所示。它的特点是初期坝相对较短，坝体工程量较小，后期尾矿堆坝相对较易管理和维护，当堆坝较高时，可获得较大的库容；库区纵深较长，尾矿水澄清距离及干滩长度易满足设计要求；汇水面积较大时，排洪设施工程量相对较大。我国现有的大、中型尾矿库大多属于这种类型。

b 傍山型尾矿库

傍山型尾矿库是在山坡脚下依山筑坝所围成的尾矿库，如图 5-13 所示。它的特点是初期坝相对较长，初期坝和后期尾矿堆坝工程量较大；由于库区纵深较短，尾矿水澄清距离及干滩长度受到限制，后期坝堆的高度一般不太高，因此库容较小；汇水面积虽小，但调洪能力较低，排洪设施的进水构筑物较大；由于尾矿水的澄清条件和防洪控制条件较差，管理、维护相对比较复杂。国内低山丘陵地区中小矿山常选用这种类型的尾矿库。

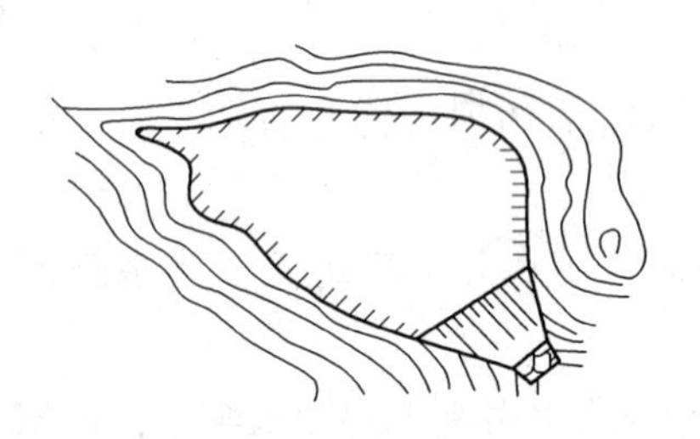

图 5-12 山谷型尾矿库

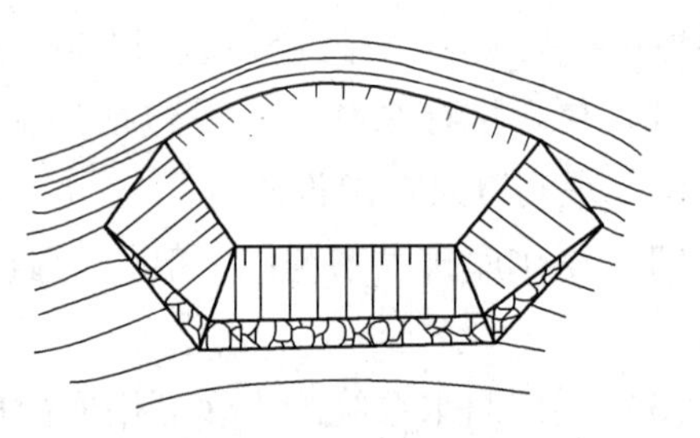

图 5-13 傍山型尾矿库

c 平地型尾矿库

平地型尾矿库（见图 5-14）是在平缓地形周边筑坝围成的尾矿库。其特点是初期坝和后期尾矿堆坝工程量大，维护管理比较麻烦；由于周边堆坝，库区面积越来越小，尾矿沉积滩坡度越来越缓，因而澄清距离、干滩长度以及调洪能力都随之减少，堆坝高度受到限制，一般不高；汇水面积小，排水构筑物相对较小。国内平原或沙漠戈壁地区常采用这类尾矿库，例如金川、青海、新疆、包钢和山东省一些矿山的尾矿库。

d 截河（湖）型尾矿库

截河（湖）型尾矿库（见图 5-15）是截取一段河床，在其上、下游两端分别筑坝形成的尾矿库。在宽浅式河床上留出一定的流水宽度，三面筑坝围成尾矿库，也属此类。它的特点是不占农田，库区汇水面积不太大，但尾矿库上游的汇水面积通常很大，库内和库上游都要设置排水系统，配置较复杂，规模庞大。这种类型的尾矿库维护和管理比较复杂，国内采用得不多。

C 尾矿库选址基本原则

正确选择尾矿库库址极为重要，设计时一般需选择多个库址，进行技术经济比较后予以确定。寻找库址应综合考虑下列原则：

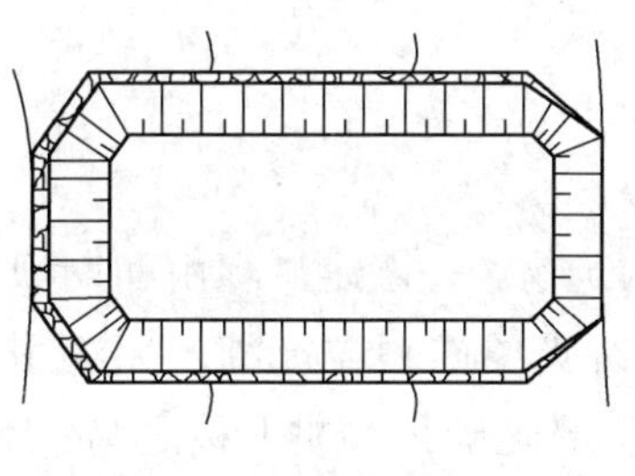

图 5-14 平地型尾矿库

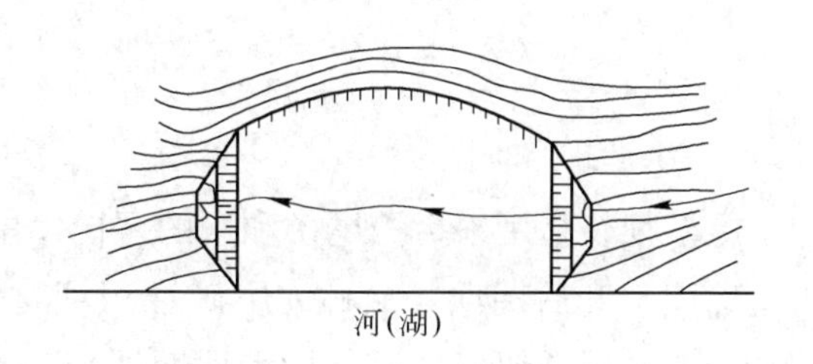

图 5-15 截河（湖）型尾矿库

（1）一个尾矿库的库容力求能容纳全部生产年限的尾矿量，如确有困难，其服务年限以不少于 5 年为宜。

（2）库址离选矿厂要近，最好位于选厂的下游方向，可使尾矿输送距离缩短，扬程小，且可减少对选厂的不利影响。

（3）尽量位于大的居民区、水源地、水产基地及重点保护的名胜古迹的下游方向。

（4）尽量不占或少占农田、不迁或少迁村庄。

（5）未经技术论证，不宜位于有开采价值的矿床上部。

（6）库区汇水面积要小，纵深要长，纵坡要缓，可减小排洪系统的规模。

（7）库区口部要小、“肚子”要大，可使初期坝工程量小、库容大。

（8）尽量避免位于有不良地质现象的地区，以减少处理费用。

（9）要根据尾矿性质，按照《一般工业固体废物储存、处置场污染控制标准》（GB 18599—2001）或《危险废物填埋污染控制标准》（GB 18598—2001）中关于“填埋场场址选择要求”的规定进行选址。

D 尾矿库等级的划分标准

尾矿库各生产期的设计等级应根据该期的全库容和坝高分别按表 5-4 进行确定。当两者的等差为一等时，以高者为准；当等差大于一等时，按高者降低一等。

表 5-4 尾矿库等级划分表

尾矿库级别	全库容 V/万立方米	坝高 H/m
一　等	二等库具备提高等级条件者	
二　等	≥10000	≥100
三　等	1000 ~ 10000	60 ~ 100
四　等	100 ~ 1000	30 ~ 60
五　等	<100	<30

尾矿库失事造成灾害的大小与库内尾矿量的多少以及尾矿坝的高矮成正比。如果尾矿库失事后会使下游重要城镇、工矿企业或重要铁路干线遭受严重灾害，其设计等级可提高一等。

E 尾矿坝及安全要求

a 尾矿坝

尾矿坝，是用来拦挡尾矿和水的尾矿库围护外围构筑物。一般尾矿坝由初期坝（又称为基础坝）和后期坝（又称为尾矿堆积坝）组成。只有当尾矿颗粒极细，无法用尾矿堆坝者，才采用类似建水坝（即无后期坝）的形式储存全部尾矿，习惯上称之为一次建坝。尾矿坝稳定主要通过分析尾矿坝的抗滑稳定、渗透稳定和液化稳定来评价和获得。

初期坝，是在矿山尾矿库工程基建期间，在尾矿坝址用土、石等材料修筑成用于支撑后期尾矿堆存体的坝体，初期坝用以容纳选矿厂生产初期0.5~1年排出的尾矿量。初期坝的类型可分为不透水坝和透水坝，具体有均质土坝、透水堆石坝、废石坝、砌石坝和混凝土坝5种坝型。不透水初期坝是用透水性较小的材料筑成的初期坝，这种坝型适用于挡水式尾矿坝或尾矿堆坝不高的尾矿坝；透水初期坝是用透水性较好的材料筑成的初期坝，它是比较合理的初期坝坝型。

后期坝，是生产过程中在初期坝坝顶以上用尾矿充填堆筑而成的坝。选矿厂投产后，在生产过程中，随着尾矿不断排入尾矿库，在初期坝坝顶以上用尾矿逐层加高筑成的小坝体，称为子坝。子坝用以形成新的库容，并在其上敷设放矿主管和放矿支管，以便继续向库内排放尾矿。子坝连同子坝坝前的尾矿沉积体统称为后期坝（也称为尾矿堆积坝），根据其筑坝方式不同可分为上游式、中线式、下游式和浓缩锥式4种类型。

b 尾矿库安全设施

直接影响尾矿库安全的设施包括初期坝、堆积坝、副坝、排渗设施、尾矿库排水设施、尾矿库观测设施及其他影响尾矿库安全的设施。

c 尾矿库设计安全要求

尾矿库实际上是一个处于高势能状态的泥石流源，尾矿库一旦失事，往往造成特大灾害。其安全固然有赖于勘察、设计、施工、监理和管理等多个部门的共同重视与配合，但设计属于核心和基础环节，其作用更为突出和重要。因此，设计者应具有高度的责任心和过硬的技能才能胜任。

设计的安全要求是多方面的，除了要仔细研究勘察报告和基础资料外，在具体设计中主要体现在两个方面：一是要确保设计的尾矿坝具有足够的稳定性，各种运行状态稳定安全系数必须符合设计规范的规定；二是要使洪水位能控制在设计规范规定的范围内，确保防洪的安全。对施工质量和运行管理的具体技术参数要求在设计文件中必须有明确的交代，以便施工和生产部门严格按设计要求进行管理。

尾矿坝建设是一个复杂而漫长的过程，不仅涉及采矿、选矿、机械等专业，而且涉及土力学、水力学、水文学及环境学等学科知识。因此，尾矿坝建设要从严格把规划设计质量关开始，从责、权、利统一兼顾的施工管理出发，杜绝违规作业，杜绝自行设计、自行施工，在此基础上，重点预防坝坡、坝基、坝肩渗水及流土和管涌破坏，特别是杜绝排（水）洪系统故障及洪水漫顶事故的发生。

据估计，我国有1700多座尾矿库。其中，正常运行的不足70%，有的行业大约有45%的尾矿库处于险、病、超期服务状态。而这些险、病、超期服务的尾矿都必须进行技术改造处理。险库要抢险除险；病库要治病、根除病害；超期服务的要抓紧时间设计新库，同时对老库要进行闭库设计，实现安全闭库。目前，我国尾矿库的建设不但有老库要改造，而且有新库要建造，而控制尾矿库工程质量的关键是尾矿库的设计。

5.3.1.2 排土场

A 排土场及类型

a 定义

排土场又称为废石场，是指矿山采矿排弃物集中排放的场所。采矿包括露天采矿和地下采矿，采矿排弃物包含矿山基建期间的露天剥离和井巷掘进开拓的排弃物，一般包括腐殖表土、风化岩土、坚硬岩石以及混合岩土，有时也包括可能回收的表外矿、贫矿等。

b 类型

排土场按排土方法可以分为推土机排土场、推土犁排土场、吊斗铲排土场等；按排土工作水平可分为单层排土场、双层排土场和多层排土场；按同一排土台阶铺设排土线可分为单线排土层和双线排土层。

另外，按排土场内各排土线在时间和空间上的发展顺序可以分为平行式、扇形式、曲线式、环形式。

B 排土场的建设与维护

a 排土场位置的选择原则

排土场位置的选择原则主要是：

（1）要根据废石性质，按照《一般工业固体废物贮存、处置场污染控制标准》（GB 18599—2001）或《危险废物填埋污染控制标准》（GB 18598—2001）中的规定进行选址、堆放和处置。

（2）排土场址不应设在居民区或工业建筑的主导风向的上风向和生活水源的上游。

（3）排土场位置的选择，应保证排弃土岩时不致因大块滚石、滑坡、塌方等威胁采矿场、工业场地（厂区）、居民点、铁路、道路、输电及通信干线、耕种区、水域、隧洞等设施的安全。

（4）排土场不宜设在工程地质或水文地质条件不良的地带，如因地基不良而影响安全，必须采取有效工程措施。

（5）排土场选址时应避免成为矿山泥石流重大危险源，无法避开时要采取切实有效的措施防止泥石流灾害的发生。

b 排土场的设计

排土场场址选定后，应由有资质的单位进行专门的工程、水文地质勘探，进行地形测绘并分析确定排土参数。排土场坡脚与矿体开采点和其他构筑物之间应有一定的安全距离，必要时应建设滚石或泥石流拦挡设施，内部排土场不得影响矿山正常开采和边坡稳定。

排土场的阶段高度、总堆置高度、安全平台宽度、总边坡角、相邻阶段同时作业的超前堆置高度等参数，应满足安全生产的要求，这在设计中明确。

c 排土场的安全管理

排土场的安全管理主要包括：

(1) 建立健全的适合本单位排土场实际情况的规章制度，包括：排土场安全目标管理制度；排土场安全生产责任制度；排土场安全生产检查制度；排土场安全技术措施实施计划；排土场安全操作以及有关安全培训、教育制度和安全评价制度。

(2) 企业必须严格按照设计文件的要求和有关技术规范，做好排土场安全检查和监测工作。未经技术论证和安全生产监督管理部门的批准，任何单位和个人不得随意变更排土场设计或设计推荐的有关参数。排土场最终境界应排弃大块岩石，以确保排土场结束后的安全稳定，防止发生泥石流灾害。

(3) 排土场滚石区应设置醒目的安全警示标志。严禁在排土场作业区或排土场边坡面捡矿石和其他石材。

(4) 山坡排土场周围应修筑可靠的截洪和排水设施拦截山坡汇水，并在排土场平台修筑排水沟拦截平台表面山坡汇水。当排土场范围内有出水点时，必须在排土之前采取措施将水疏排出排土场，排土场底层应排弃大块岩石并形成渗流通道。

(5) 汛期应对排土场和下游泥石流拦挡坝进行巡视，发现问题应及时修复，防止连续暴雨后发生泥石流和垮坝事故。洪水过后应对坝体和排洪构筑物进行全面认真的检查与清理，发现问题应及时修复。

(6) 处于地震烈度高于6度地区的排土场，应制订相应的防震和抗震的应急预案。

(7) 对排土场定期进行安全检查，内容包括排土参数、变形、裂缝、底鼓、滑坡等。

5.3.2 矿山固体废弃物的综合利用

5.3.2.1 矿业固体废弃物处理与利用的一般原则

合理处理和利用矿业固体废弃物，必须遵循以下几个基本准则：

(1) 必须选择最佳的技术方案。要做到物尽其用，最大限度地发挥其资源效益；同时，要尽量减少处理时对环境的污染。对于严重污染环境的尾砂，必须采用合理有效的方法进行处置。

(2) 优先开发利用尾砂中的有价组分，提高经济和社会效益。固体废弃物中的有价组分，特别是一些稀散的有价组分，过去无法被选出利用，而在今天的技术条件下可以被回收和利用。因此，在固体废弃物处理过程中，要优先考虑把这些组分进行回收利用，使这些废弃资源得到资源化综合利用，确保资源的可持续发展。

(3) 先利用后处置的原则。无论是提取固体废物中的有价组分，还是对固体废物进行有效利用，均应优先考虑先利用后处置的原则，只有在无法利用时才选择填埋、堆放等处置方法，同时，处理、处置固体废弃物还要特别注意防止二次污染。

5.3.2.2 煤矸石的处理与利用

A 煤矸石的来源及特性

a 煤矸石的来源及危害

煤矸石是指煤炭开采、洗选加工过程中产生和被分离出来的固体废物，也是可利用的资源，具有双重性。它是成煤过程中与煤层伴生的一种碳含量较低（一般质量分数在20%以下）、比较坚硬的黑色岩石，它包括露天开采的剥离岩石和井工开采的掘进矸石（占45%）、采煤矸石（占35%）及选煤矸石（占20%）。

煤矸石已是我国排放量最大的工业固体废物之一。2005年排放矸石量约1.9亿~2.0亿吨。目前全国国有煤矿有矸石山1500余座，堆积量30亿吨以上（占我国工业固体废弃物排放总量的40%以上），占用土地300~400hm^2，而且每年约以2亿吨的速度递增。

煤矸石长期堆放于地表，若不处理利用，不仅占用大量土地、影响自然景观、破坏小区内的生态环境，而且在煤矸石运输、装卸、堆放过程中，会造成大气、土壤、水体污染及使地质灾害发生。

b 煤矸石的化学特性

煤矸石是由有机物（含碳物）和无机物（岩石物质）组成的混合物。煤矸石的无机组分多在80%以上，而可燃物仅占10%左右，煤矸石还含有较高有害组分硫，主要化学成分见表5-5。

表5-5 煤矸石的主要化学成分（质量分数） （%）

成 分	SO_2	Al_2O_3	CaO	MgO	Fe_2O_3	R_2O	烧失量
质量分数	40~65	15~35	1~7	1~4	2~9	1~2.5	2~17

煤矸石是与煤伴生的岩石，是多种矿岩组成的混合物，属沉积岩。大部分煤矸石结构较为致密，呈黑色，自燃后呈浅红色，结构较疏松。煤矸石的主要矿物成分为高岭土、石英、蒙脱石、长石、伊利石、石灰石、硫化铁、氧化铝硅酸矿物、碳酸岩矿物，含有少量铁钛矿及碳质，且高岭石含量达68.7%。

c 煤矸石的工业特性

煤矸石性质是矸石资源化利用的依据。由于煤矸石的岩石类型、矿物组成和堆放时间等的差异，其主要工业性质也有所不同。

（1）碳的质量分数。煤矸石中的碳质量分数是选择其工业利用方向的重要依据之一。按碳质量分数的多少，通常将煤矸石分为4类：一类小于4%，二类4%~6%，三类6%~20%，四类大于20%。第三类煤矸石用做矿物燃料的掺和料。第四类煤矸石发热量较高，可先用做燃料，燃烧后的灰渣再用做其他用途。

（2）灰分。其含量一般在50%～90%之间。其中，剥离岩石和掘进矸石的灰分含量较高，一般在85%以上，可用做充填、铺路材料，采煤矸石和选煤矸石的灰分含量多在60%～80%之间，可用于发电、供热、建材和生产矸石肥料等。

（3）发热量。掘进矸石和剥离岩石一般不含有机可燃物，其发热量甚微，可用于充填、铺路，部分可作建材原料，采煤矸石和选煤矸石的发热量一般为4.2～8.4MJ/kg。一般同一矿区的煤矸石其发热量大小与固定碳和挥发分的高低成正比，其中，固定碳起决定作用。

（4）全硫含量（质量分数）。在煤矸石的化学成分中，全硫含量的作用有两个，一是决定煤矸石中的硫是否具有回收价值，二是决定煤矸石的工业利用范围。按硫质量分数的多少也可将煤矸石分为4类：一类小于0.5%，二类0.5%～3%，三类3%～5%，四类大于5%。全硫含量达5%的煤矸石即可回收其中的硫精矿。

（5）铝硅比（$w(Al_2O_3)/w(SiO_2)$）。煤矸石中的铝硅比也是确定一般煤矸石资源化利用途径的主要因素。铝硅比大于0.5的煤矸石，铝含量高、硅含量较低，其中的矿物成分以高岭石为主，可塑性好，具有膨胀现象，可用做制高级陶瓷及分子筛的原料。铝硅比在0.5～0.3的煤矸石，其铝、硅含量都适中，矿物成分以高岭石、伊利石为主。铝硅比小于0.3的煤矸石，硅含量比铝含量相对高得多，矿物成分中主要是石英、长石、方解石、菱铁矿等，可塑性差。

（6）三氧化二铁。煤矸石中Fe_2O_3的质量分数一般小于10%，没有单独提取的价值。在某些矸石利用项目中，铁质量分数过高会影响其产品的质量，如影响高岭石类矸石煅烧后的白度等。

（7）伴生元素。钒、镓、锗等在煤矸石中含量都很低，除个别矿井或区段的煤矸石中镓含量达工业品位外，其余都在工业品位以下，没有工业利用价值。

（8）有害元素。根据大同、东胜等12个大矿区的资料统计，煤矸石中有害元素的含量一般为Hg 0.1～0.5mg/kg、As 0.5～12.0mg/kg、Cd 0.1～0.7mg/kg、Cr^{6+} 6～34mg/kg、Pb 6.0～28.0mg/kg、F 28～40mg/kg，矸石中各元素的平均含量与土壤的背景值相当。矸石淋溶水的上述元素含量一般也不超标。因此，除极个别矿井外，矸石利用一般不会造成二次污染。

（9）放射性。根据有关资料，部分矿区煤矸石天然放射性核素^{238}U、^{232}Th、^{226}Ra、^{40}K的含量低于或接近于部分省区土壤中的核素含量。因此，煤矸石一般不属于放射性废物，除个别矿点的煤矸石、石煤有放射性异常外，一般矸石用于生产建材及其制品或用于生产农业肥料等不会造成放射性污染。

（10）活性。煤矸石中多数矿物的晶格质点常以离子键或共价键结合，具有一定的化学反应能力即活性。自燃后的矸石（过火矸）提高了活性，是较好的活性材料，可用做水泥掺和料，以提取氯化铝、聚氯化铝和轻质陶粒等。当煤矸石受热到一定程度便产生软化、熔化现象，其中矿物结晶也发生变化，形成新相，这是利用煤矸石或过火矸石生产多种建材的依据。

B .煤矸石的处理与资源化利用

a 国外煤矸石的处理与资源化

国外对煤矸石的资源化利用研究比较重视，煤矸石利用率（不含用于充填、铺路材料等）一般在20%～30%，高者可达60%～80%，主要用于生产建材产品，如制矸石砖、生产水泥和混凝土的轻质多孔材料。此外，选煤矸石用于发电、供热和生产有机矿质肥料等。

在美国，煤矸石主要是用于生产水泥或轻骨料。对煤含量大于20%的煤矸石，一般采用水力旋流器、重介质分选回收煤炭。对不便利用的矸石山，采用复垦法，使其变为牧场或果园，方法是先将矸石山的坡度降到20°以下，利用燃煤电厂的碱性飞灰，按计量均匀播撒，再用拖拉机翻耕，使其拌入15cm厚的表层，中和矸石中的酸性物质，然后铺上约30cm厚的土壤盖层并施肥，便可种植牧草或树木。对自燃矸石山的防治，美国研究了一种燃烧控制法处理自燃矸石山，即通过合理设置抽风系统，使矸石山处于负压状态，导致空气被吸入，加速煤矸石的燃烧。燃烧产生的热能和废气在一定的控制条件下经排放管道释放出并加以净化处理利用。该法能在短时间内使自燃矸石山燃尽，由于燃烧过程温度较高，矸石中的黄铁矿（硫化铁）会变成赤铁矿（氧化铁），从而消除了酸性水的形成。烧过的矸石因含氧化铁而变成红色，可用于生产彩色水泥。这种快速燃烧法可排除矸石山自燃爆炸及污染环境问题，并提高了矸石的经济价值。

其他一些国家，如英国、法国、匈牙利等建立了用煤矸石、沸腾炉渣、粉煤灰生产建材的工厂。由于煤矸石具有良好的工程性能，国外的煤矸石工程应用几乎涉及各类工程建筑，如公路（包括普通公路和高速公路）和铁路的路基与路堤、水工建筑的坝体充填材料和护层，以及其他地基的垫层。

b 国内煤矸石的处理与资源化利用

我国煤矸石资源化利用已有二三十年的历史，煤矸石的利用率1995年已达到23.5%，主要用于发电、供热、制砖、水泥掺和料、制肥等。此外，还用煤矸石充填复垦、铺路以及回收矸石中高岭岩（土）和硫铁矿加工化工产品等。

（1）用煤矸石作燃料。煤矸石含一定量的碳和其他可燃物，发热量一般为4186.8～12560.4kJ/kg（1000～3000kcal/kg），是一种值得回收利用的资源。煤矸石用做燃料的方法主要有回收煤炭、用于沸腾炉燃料和发电、用于制煤气等。

回收煤炭可借现有的选煤技术（洗选或筛选等方法）予以回收，这也是煤矸石资源化利用所必需的预处理步骤。特别是在用煤矸石生产水泥、陶瓷、砖瓦等建筑材料时，必须洗除其中的煤炭，以保证建材产品质量的稳定和生产操作的稳定。回收煤炭的煤矸石碳含量应大于20%，否则回收成本太高。

充分利用低热值燃料的关键是采用合理的燃烧方式和燃烧设备，我国在煤矸石用于沸腾炉燃料和发电方面取得了长足的进展。目前，我国投入运行的沸腾炉超过2000台，节省了大量的优质煤炭，经济效益也十分显著。

（2）用煤矸石作建筑材料。我国用煤矸石制备建筑材料的方法发展迅速，年利用量也达2500万吨以上，它成为煤矸石资源化利用的一条最重要的途径。

1）生产水泥。由于煤矸石的化学成分和矿物组成与黏土相似，含 SiO_2 40%~60%，Al_2O_3 15%~30%，还有 CaO、Fe_2O_3 等，因此，利用煤矸石可以生产水泥，以代替部分或全部黏土。此外，煤矸石中还含有少量可燃物，所以煤矸石用于制水泥不仅可以代替黏土，节约土地资源，而且可以节约能源。

目前，我国利用煤矸石不仅能生产普通硅酸盐水泥和火山灰水泥，而且能生产双快水泥、大坝水泥等特种水泥。现在煤炭行业已有煤矸石水泥厂50多座，年生产能力达200多万吨。实践证明，以煤矸石代替黏土，可以节约黏土100%，节约煤炭15%~30%。

2）制砖。我国已将利用煤矸石烧结砖确定为资源化利用煤矸石的主要方向之一。目前，煤矸石砖年产量已达200亿块，年资源化利用煤矸石约5000万吨，可节约土地29575~42500亩（1971.7~2816.7hm^2），每生产100万块砌块砖可消耗矸石11万吨。煤矸石烧结砖是以煤矸石为原料替代部分或全部黏土烧制而成。煤矸石空心砌块是用人工煅烧或自燃的煤矸石加入少量石膏、石灰磨细生成胶结料，并选用适宜的生矸石作粗细骨料经振动成型、蒸汽养护而成的一种新型墙体材料，产品标号可达200号。同红砖相比，这种材料自重轻、节省原料、成本低。

煤矸石砖强度高、热阻大、隔声好，可降低建筑物墙体厚度，减少用砖量；同时，由于煤矸石砖外观整洁，抗风化能力强，色泽自然，可以省去抹灰、喷涂等建筑工序，降低建筑和维护成本。与传统黏土砖相比，它有着更高的性价比和更强的市场竞争力。

3）瓷砖。由于煤矸石中的主要化学成分一般能满足瓷砖生产要求，因此，以煤矸石为主要配料可生产釉面砖、陶瓷锦砖（马赛克）、细瓷和高强瓷等。其生产工艺与传统烧制工艺相似，但其中的杂质 Fe_2O_3 与 TiO_2 含量偏高时，需采用摇床、水力旋流器、磁选等方法降低这些有害杂质的含量，以达到精制的细瓷用原料要求。

4）生产轻骨料。煤矸石生产的轻骨料和用轻骨料配制的混凝土是一种轻质、保温性能较好的新型建筑材料。煤矸石内所含可燃物质和菱铁矿在焙烧过程中析出气体起膨胀作用，同时，其中又含有大量硅铝物质，因此，煤矸石是生产轻骨料的理想材料。用这种轻骨料配制的轻质混凝土重量轻、吸水率低、强度高、保温性能好，可用于建造大跨度桥梁和高层建筑物，用它作钢筋混凝土楼板，在配筋相同的情况下，跨度可由4m增至7m，保温和防火性能也有改善，造价可降低10%。

5）其他。如用于地基工程、筑路和修筑堤坝，用于煤矿塌陷区土地复垦和矿井充填，制备优质高岭土和涂料级超细高岭土，合成碳化硅超细微粉等。

（3）在农业上的应用。煤矸石在农业上的应用主要为制作肥料。煤矸石含有大量有机质，含量一般在15%~25%，高者可达25%以上，并含有植物生长所必需的B、Cu、Zn、Mo、Mn、Co等微量元素和较大的吸收容量，这种煤矸石适宜于制肥料。矸石肥料主要有两类：一类是有机-无机复合肥；另一类是煤矸石微生物肥料。

c 煤矸石井下减排与处理技术

传统的煤矸石处理方法是将煤矸石提升出井，集中堆放或进行再处理利用。如果能够采取适当的方法使得煤矸石不出井或少出井，那么就能从根本上解决地表煤矸石堆积成山带来的诸多环境问题。目前，国内外的煤矿工作者经过长期实践和研究，在井下煤炭开采过程中，尽量不出矸或少出矸是可行的，主要技术工艺包括以下几种：

（1）少开岩巷，多掘煤巷或全煤巷布置。近些年来，随着采掘速度的加快、回采工作面单产的提高，使得巷道的维护时间缩短；支护技术水平的提高使得维护煤层巷道的困难大为降低；运输设备的改进和新型运输设备的应用对巷道曲率半径和坡度的限制越来越小，以及防治煤层自燃发火技术水平的提高等，都为少开岩巷、多掘煤巷或全煤巷布置打下了良好的基础。国内外大型煤炭企业近年来逐渐应用全煤巷开拓技术，一些煤矿已经取消了排矸系统，我国的潞安漳村矿、神华集团大柳塔矿等也实现了全煤巷布置，基本不出巷掘矸石。

（2）井下应用机械煤仓。采区（或工作面）的机械煤仓是可以移动的煤仓，可以在不同的地点重复使用。传统的井下煤仓一般布置在岩层中，现用现掘，用后废弃，造成了很大的浪费并产生了大量的矸石。应用机械煤仓能够保证井下尽量少出矸石或不出矸石。

（3）井下硐室移至地面。井下爆破材料库开掘在稳定岩层中，井下爆破材料库必须有独立的通风系统，因此，经常需要开掘较长的通风巷道。但是，随着采掘机械化程度的提高，井下爆破器材的使用已经越来越少。如果将井下爆破材料库移至地面，这样不仅减少了硐室本身开掘的工程量和由此产生的矸石，而且也减少了专用于该硐室的通风巷道的开掘工程量和由此产生的矸石。

（4）利用井下矸石充填采空区。这是减少矸石出井的重要方法。可以用胶带输送机、铲装车、自动卸载车或者用单轨吊车、卡轨车、齿轨车等辅助运输工具直接把矸石运输卸载到采空区。对于倾角大于42°的采空区（或工作面），可采用简单易行的自重充填方法，即将矸石用（胶带）输送机运到工作面后的回风巷，直接把矸石卸入采空区。

（5）井下选煤。采掘工作面产出的原煤中约有15%的矸石，如果在井下进行选矸工作，不仅可以使矸石不出井，而且可以减少矿井提升运输量和提升运输费用。井下选矸易于实现，例如在工作面拣矸，在井下原煤运输巷道设置低速（胶带）输送机或为了不影响输送能力而并联低速输送机，进行机械或人工拣矸等。利用选出的井下矸石充填采空区。

5.3.2.3 选矿尾矿的处理与利用

尾矿为矿石选出精矿后剩余的废渣，它是一种具有很大开发利用价值的二次资源。大多数金属和非金属矿石经选矿后才能被工业利用，选矿也会排出大量的尾矿，如每选1t铁约排出0.3t尾矿。据统计，我国目前年采矿量已超过50亿吨，尾矿排放量2000年达6亿多吨，仅金属矿山堆存的尾矿就达50余亿吨，并以每年4亿~5亿吨的排放量剧增。因此，尾矿的资源化是矿业发展的必由之路，也是保持矿业可持续发展的基础，具有十分重要的意义。

A 尾矿中有价组分的提取

许多矿山尾矿中具有回收利用价值的有价组分，其品位常常大于相应的原生矿品位，充分利用分选技术回收这些有价金属，对充分利用资源、延缓矿产资源的枯竭具有重要意义。从矿山尾矿中回收有价金属的工艺和方法很多，主要有磁选、重选、电选、浮选、化学浸出和生物浸出等方法。现仅举几个实例加以说明。

a 铜尾矿中有价组分的提取

铜尾矿中含有大量有价组分，如铜、硫、钨、铁、铅、锌等，都有回收利用价值。

（1）回收铜。某选矿厂尾矿平均含 Cu 0.42%（质量分数），其中，31%的铜溶于水，主要有用矿物为黄铜矿、辉铜矿和黄铁矿。图 5-16 所示为该厂回收铜的工艺流程。

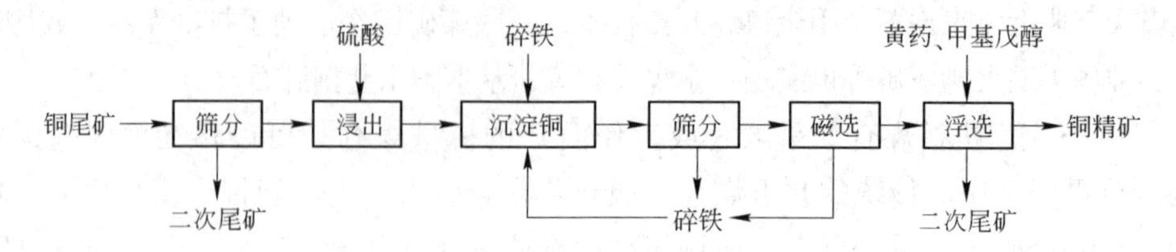

图 5-16 铜尾矿回收铜的工艺流程

为防止设备堵塞，铜尾矿预先筛去大于 1mm 的粗粒，其含铜品位 1%，产率约 10%。筛下细粒用硫酸浸出 25 ~ 30min，硫酸用量为 2.3 ~ 2.7kg/t（尾矿），浸出后矿浆含铜 0.45g/L，用碎铁置换，用量 4.5kg/kg（沉淀铜）。矿浆通过筛分和磁选回收碎铁后进行浮选，浮选 pH =4.6，矿浆含量 25%，沉淀铜得到浮选成为铜精矿。

（2）回收硫精矿。白银有色金属公司选矿厂选铜尾矿中含硫大于 9%（质量分数），主要含硫矿物为黄铁矿。其分选回收工艺流程为含硫尾矿水枪冲砂造浆（浓度为 20%）、浓密机脱泥（产率为 15%）、浓密机底流（浓度为 50%）擦洗后浮选（矿浆浓度为 22%），浮选产品为硫精矿。浮选作业添加的捕收剂为丁基黄药，起泡剂为 2 号浮选油，其用量分别控制在 150g/t 和 50g/t。

b 浮选镍尾矿浸出-沉淀回收镍

浸出-沉淀法是从镍尾矿中回收镍的一条重要途径。某镍矿矿石中除含可选性较好的硫化镍矿外，还含有一定量的氧化镍、硫酸镍及硅酸镍等，这些非硫化镍矿物可选性差，致使选矿厂尾矿含镍较高。镍尾矿中含镍矿物主要包括硫化镍 18.57 %、氧化镍 18.57%、硫酸镍 31.43%、硅酸镍 31.43%。硫酸镍在矿浆中易溶解而使矿浆呈酸性，氧化镍在稀酸溶液中易溶解，硅酸镍在较高酸度下也能部分溶解，而硫化镍能在稀酸溶液中部分溶出，在氧化环境中能较好地溶出，常用的氧化剂有氧、空气、氯酸钠、过氧化氢、二氧化锰、高铁和铜离子以及过硫酸盐等。根据镍矿物的这些特性，可应用浸出-沉淀法从难选镍尾矿中回收镍，工艺流程如图 5-17 所示。镍尾矿在常温常压下，用 0.5%（质量分数）的稀硫酸溶液搅拌浸出尾矿 2h（液固比 2:1），酸浸后过滤得到含镍（Ni^{2+}）的浸液，再加硫化钠（Na_2S）等沉淀剂使浸液中的 Ni^{2+} 生成 NiS 沉淀，过滤得到镍品位为 20% ~ 33% 的沉淀，镍回收率达 60% ~74%。

c 从黄金尾矿中回收铜

黑龙江省老柞山金矿从氰化尾矿中回收铜，粒度小于 0.074mm 的 95% 的氰化尾矿中

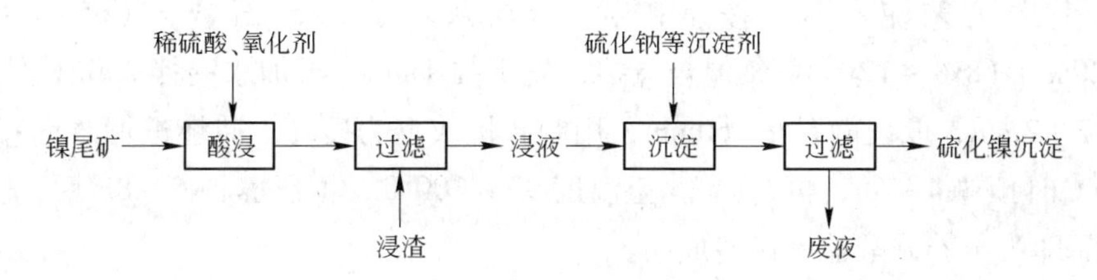

图5-17 镍尾矿浸出-沉淀回收镍工艺流程

铜品位为0.305%、砷品位为2.08%，采用浮选工艺从尾矿中直接抑砷选铜，获得含铜18.32%、金9.69g/t、银99.20g/t、硫33.60%、砷0.07%的合格铜精矿，铜回收率为89.07%。此技术在内蒙古额拉沁旗的大水清金矿与广东高要河台金矿也先后得到应用。

B 尾矿生产建筑材料

尾矿生产建筑材料是尾矿利用量最大、最容易利用、环境保护效益最显著的利用途径。许多尾矿中含多种非金属矿物，如硅石或石英、长石及各类熟土或高岭土、白云石或石灰石、蛇纹石等，这些都是较有价值的非金属矿物资源，可代替天然原料作为生产建筑材料的原料。

a 生产玻璃制品

(1) 生产微晶玻璃。微晶玻璃具有一系列优良的性能，它除具有一般陶瓷材料的高强度、高耐磨性以及良好的抗化学腐蚀性外，还具有透明、膨胀系数可调、可以切削以及良好的电学性能等。因此，在航天、电子、装饰以及光学精密仪器等领域得到广泛的应用。

微晶玻璃生产原料一般由普通玻璃原料和成核剂两部分组成。玻璃的化学成分主要是SiO_2，其次是Na_2O、K_2O、CaO、MgO和Al_2O_3等，许多尾矿含有这些成分，经过适当配料完全可满足玻璃生产要求，比较理想的成核剂有TiO_2、Cr_2O_3、P_2O_5、ZrO_2等。微晶玻璃生产工艺包括烧结工艺和熔融工艺。

(2) 生产黑色玻璃。铜尾矿、铁尾矿主要成分为SiO_2，颜色灰暗，粒度小于0.267mm（55目）的筛余小于10%，利用合适的工艺可生产黑色玻璃装饰材料。

生产尾矿黑色玻璃，尾矿的掺量在90%以上。原料混合均匀后，在温度1600℃下熔融0.5~1h，尾矿中的SiO_2、Fe_2O_3、CaO、微量元素及其氧化物可明显降低熔融温度。熔融物在温度1250~1050℃下压延或浇注成型，可得到厚度5~20mm、面积70mm×70mm~200mm×200mm的各种规格黑色玻璃板。

b 生产免烧砖等

免烧砖是由胶凝材料与含硅、铝原料按一定颗粒级配均匀掺和压制成型，并进行蒸压或蒸养而成的一种以水化硅酸钙、水化铝酸钙、水化硅铝酸钙等多种水化产物为一体的建筑制品。许多尾矿主要含硅、铝，因此可生产免烧砖。

(1) 尾矿生产免烧砖。北京铁矿砖厂年产尾矿砖数千万块，采用88%干尾矿与12%生石灰掺和，外加5%成型水分，用约0.8MPa（8个标准大气压）、温度150~200℃的饱和蒸汽养护，生产出的硅酸盐尾矿砖强度达20MPa（200标号）以上。南芬铁矿蒸养硅酸盐尾矿砖生产工艺流程为：按尾矿粉∶粉煤灰∶生石灰∶石膏 =（65% ~67%）∶（15% ~20%）∶（8% ~12%）∶3%混合搅拌，先干拌1min，再加水湿拌2min，然后在轮碾机中碾磨7~9min，取出静置0~60min，用制砖机成型为砖坯。砖坯进行蒸汽养护，在温度小于60℃时预热4~6h，再升温2h至温度90~100℃，恒温养护6~8h后，降温2h取出，合格品即为蒸养硅酸盐尾矿砖成品。

（2）生产黏土砖。尾矿中黏土含量高时，如稀土分选尾矿、黏土矿分选尾矿等，可用尾矿为原料代替天然黏土，用塑性成型或半干压成型生产黏土砖。如用稀土尾矿制得的黏土砖的质量优于传统方法烧制的砖，其强度可达12.5~15MPa（125~150标号）。坯体产品表面平滑，具有较强的玻璃光泽，颜色为暗红色，声音清脆。

（3）生产加气混凝土。大部分尾矿性质如同沙子，可作为生产加气混凝土的原料。尾矿砂加气混凝土砌块是以钙质材料（水泥或石灰）和硅质材料（尾矿砂）为基本原料，加入发气剂（主要是铝粉），经过蒸压养护等工艺制成的一种多孔轻质的新型墙体材料。生产工序包括原料（尾矿、矿渣和水泥等）加工制备、浇注、切割、蒸压养护、拆模等。利用铁矿尾矿生产的蒸压加气混凝土砌块与板材，经测定产品出釜强度达2.5~3MPa（25~30kg/cm^2），绝对干容重为550~650kg/m^2，干燥状态的热导率为0.4184kJ/(m·h·℃)(0.1kcal/(m·h·℃)),抗冻性合格。

目前，国内外很重视加气混凝土应用技术的研究，加气混凝土的性能进一步向轻质、高强、多功能方面发展。

c 用于其他建筑材料

尾矿在建材业还有很多的用途，比如制作耐火材料、制作无机人造大理石、用做混凝土骨料和建筑用砂以及用于铺筑路基等。陈家珑对北京地区的尾矿进行了检验，证明绝大多数尾矿制成的人工砂材料性质是合格的，因此，只要制定合适的生产工艺就可以取代天然砂石用来配制混凝土。我国马鞍山铁矿利用粗粒级尾砂作硅骨料，尾矿中不含云母、硫酸盐、硫化物、有机物、黏土、淤泥等有害杂质，其抗拉强度、抗渗性、收缩性、抗疲劳性、弹性模量及与钢筋的黏结力均符合国家有关骨料技术标准要求，具有较好的经济效益，因此，尾矿用做建筑骨料潜力极大。

C 尾矿生产化工产品

川南硫铁矿在选出黄铁矿后的尾矿中，主要矿物为高岭石，其次为迪开石及多水高岭石，其中含有大量的铁和铝，可作为制备铁铝混合净水剂的原料。图5-18所示为黄铁矿尾矿生产铁铝混合净水剂的工艺流程。

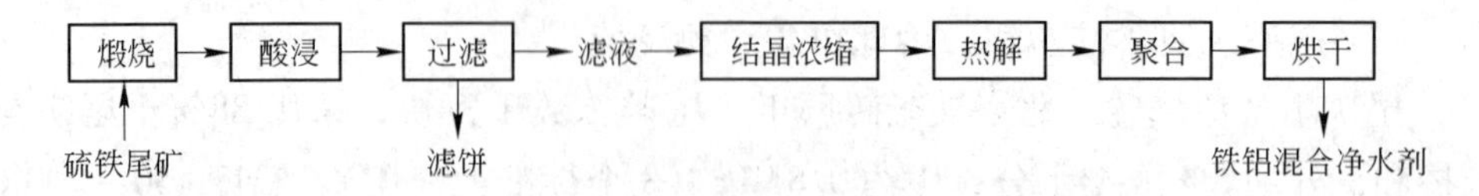

图5-18 黄铁矿尾矿生产铁铝混合净水剂的工艺流程

硫铁尾矿粉碎至0.074mm（200目）以下，烘干，在温度700～850℃燃烧2h，脱除其中的水分和有机杂质，破坏高岭土结构，使其活化。其反应式为：

$$Al_2O_3 \cdot 2SiO_2 \cdot 2H_2O \xrightarrow{\triangle} Al_2O_3 \cdot 2SiO_2 + 2H_2O$$

活化高岭土与质量分数为20%～30%的盐酸反应，生成氯化铝，同时，尾矿中的铁也与盐酸反应生成氯化铁。其反应式为：

$$Al_2O_3 \cdot 2SiO_2 + 6HCl \longrightarrow 2AlCl_3 + 2SiO_2 + 3H_2O$$

$$Fe_2O_3 + 6HCl \longrightarrow 2FeCl_3 + 3H_2O$$

然后过滤，滤液结晶浓缩，再经热解、聚合、烘干，就得到铁铝混凝净水剂。

D 尾矿的其他应用

a 利用尾矿生产水泥

尾矿水泥就是在水泥配料中引入大量的尾矿，按照正常的水泥生产工艺生产符合国家标准的水泥，属于烧结类建材。由于尾矿一般已经经过一定程度的磨细，也可以与正常的生产工艺有所不同，一般来说，低硅尾矿比较适合生产水泥，因为石英含量高会导致大量使用校正原料，达不到大量使用废物的目的。

尾矿用来制作何种类型的水泥取决于尾矿的成分特点和工艺条件。河南省香山水泥集团用铅锌尾矿渣代替硫酸渣，用烧石英尾矿代替黏土进行配料，配料方案为：石灰石90%、烧石英尾矿6.5%、铅锌尾矿渣2.0%、粉煤灰1.5%，制备的水泥经试验证明是符合国家标准要求的，仅材料费2003年就可节省25万元，经济效益显著。

b 作矿井的充填料

采用充填法采矿的矿山每采1t矿石，需回填0.25～0.4m^{3}或更多的填充材料。近年来，国内外已成功地使用全尾砂充填。

c 其他

尾矿还可用于地基工程、筑路和修筑堤坝，还可用来生产塑料、橡胶等产品的填料。

5.3.2.4 煤泥的综合利用

煤泥是煤炭洗选加工的副产品，具有粒度细、微粒含量多、水分和灰分含量较高、热值低、黏结性较强、内聚力大的特点，是由微细粒煤、粉化骨石和水组成的黏稠物。它遇水流失，风干即风吹飞扬，难以储存和运输，因此成了煤矿环境污染源之一。煤泥中含有大量可燃成分，其主要利用途径是燃烧利用热能，主要有以下几种利用方法。

A 煤泥燃烧发电

煤泥是可以利用的低热值燃料，燃烧发电是其利用方法之一。山东兖矿集团各大煤矿都采用洗煤厂洗煤技术，煤泥生产量较大，其下属企业山东华聚能源股份有限公司就是综合利用煤泥燃烧发电的企业，下设6个矿井发电厂，其中4个电厂主要靠燃烧煤泥发电。

B 煤泥制水煤浆

煤泥制水煤浆技术是在高浓度水煤浆基础上发展起来的煤泥水煤浆燃烧应用技术。它利用煤泥经简易调浆，就地就近用于工业锅炉及其他热工设备燃烧，是以煤泥代煤、代油的一项煤泥综合利用技术。

近几年，国内在煤泥制浆及燃烧技术方面取得了一定的进展，开发研制出剪切搅拌制浆工艺和旋流诱导燃烧技术、流化-悬浮高效低污染燃烧技术等。煤泥水煤浆一般对质量没有严格要求，只要能满足实际燃烧需要即可。

C 用煤泥作锅炉燃料

用煤泥作锅炉燃料有如下 3 种方法：

(1) 煤泥与劣质原煤混合燃烧。有些劣质原煤灰分高，发热量低，特别是露头的小井煤风化后燃烧性能差，一般按 1:1 或 2:1 混合后燃烧，效果比较好。

(2) 煤泥与中煤按 1:1 或 1:2 混合后燃烧，效果也比较好。

(3) 煤泥灰分、水分比较低时，可直接用于锅炉燃烧。

D 用煤泥作农业肥料

用煤泥直接作为农业肥料，肥效很低，用量很大，必须经过复配加工处理才能应用。这种复配加工处理肥料是由有机肥料、无机肥料、微量元素肥料共同组成的优质肥料，其既是肥料，又是土壤改良剂、植物生长刺激剂，具有肥源广、肥分多、肥效高、投资少、见效快等优点。

5.3.2.5 矿山废石的处理与利用

在矿山开采过程中，无论是露天开采剥离地表土层和覆盖岩层，还是地下开采开掘大量的井巷，必然产生大量废石。目前，我国剥离废石的堆存总量已达数百亿吨以上，是名副其实的废石排放量第一大国。另外，矿山采出的矿石中也夹有大量的废石，如金属和非金属矿每采 1t 矿石将产出 0.2～0.3t 废石，煤矿采掘和洗煤等过程中产生的煤矸石可达原煤产量的 70%。每年我国煤矿排矸量达 1 亿～2 亿吨，历年煤矸石堆积量已达 40 亿～50 亿吨以上。煤矸石是具有很大开发利用价值的二次资源，煤矸石的处理与利用也是矿业可持续发展的基础。

A 废石的堆积处理

废石中所含有用组分很少，没有回收的价值。因此，一般采用堆积或填埋方法处理，可以造出平地，为矿山提供工业用地。

废石山堆放是常用的方法之一，即由采矿场运出的废石经卷扬机提升，沿斜坡道逐步向上堆弃，形成一锥体形的废石场。目前，在中小型的露天矿山、大型井采矿山也采用堆积方法。堆积法可以减少占地和运输，便于管理。堆积场地要选用低凹宽阔之地，以防止坍塌和发生泥石流。

填埋法是利用自然坑洼地或人工坑凹填埋废石，用填埋法处理废石可使坑凹地变为平地。需要注意的是，填埋地上不宜修造建筑物和构筑物，要注意采取措施防止雨水浸泡填埋场，避免对地下水产生污染。

B 利用废石造田

将废石堆到采空区和山谷地区实现覆土造田，可为矿山提供宝贵的额外土地。也常采用废石和尾砂一起进行覆土造田，但矿山的废石和尾砂纯是无机物，不具有基本肥力，必须进行覆土、掺土、施肥才能用于种植各种作物。

C 废石用做井下充填料

用废石回填矿山井下采空区是经济而又常用的方法。回填采空区有两种途径：

一是直接回填法，上部中段的废石直接倒入下部中段的采空区，可节省大量的提升费用，不需占地，但要对采空区有适当的加固措施。大多数矿山都部分采用了这种回填方法，从而大量减少了废石的提升量。

二是将废石提升到地表后进行适当的破碎加工，再用废石、尾砂和水泥拌和回填采空区。这种方法安全性好，也可减少废石占地，但处理成本较高。我国许多矿山采用这种方法回填采空区。

为了将废石和尾砂用于井下充填，要在矿山建立一套充填系统，通常包括废石及尾砂的分级和储存、浆料的地面和井下管道输送、充填工作面脱水、充填水的沉淀和排泥处理等。

D 其他

用于建筑骨料、地基工程、修建道路及工业和民用建筑场地、筑路和修筑堤坝等，如将无污染或含有微量有害元素的废石经物理加工成各种人工砂石料、路面的石料用于建筑工业。

随着我国环保事业的发展以及天然砂石越来越匮乏，人工砂石越来越被人们重视和利用，可利用采矿废石作为人工砂石料的原料进行加工利用，变废为宝。

6 矿山企业环境保护

6.1 矿山企业环境保护与可持续发展

6.1.1 矿山企业环境保护

6.1.1.1 矿山生产环境

环境与发展是关系人类前途命运的重大问题。我国政府采取一系列政策措施，加强环境保护和生态建设，加大矿山环境保护与治理的力度。

新中国成立60多年来，我国的矿业得到快速发展。但是矿产资源的开发，特别是不合理的开发、利用，已对矿山及其周围环境造成污染并诱发多种地质灾害，破坏了生态环境。越来越突出的环境问题不仅威胁到人民生命安全，而且严重地制约了国民经济的发展。

A 矿业活动环境灾害

我国的矿业活动主要指矿石采掘、选矿及冶炼三部分。按照我国固体矿床矿山科学技术发展水平，目前主要采用露天、地下两种方法开采矿产资源。随着社会生产发展的需求和科学技术进步，露天开采所占比重正在迅速增加。人类在开发利用矿产资源以满足自身需要的同时，由于破坏了原有的环境平衡系统，改变了周围的环境质量，因而产生出众多的环境问题。

（1）采矿占用和破坏了大量土地。矿山开发占用并破坏了大量土地，其中，占用土地是指生产、生活设施及开发破坏影响的土地；破坏的土地是指露天采矿场、排土场、尾矿场、塌陷区及其他矿山地质灾害破坏的土地面积。

（2）采矿诱发地质灾害。由于地下采空，地面及边坡开挖影响了山体、斜坡稳定，导致开裂、崩塌和滑坡等地质灾害，致使上覆山体逐渐发生变形、开裂。露天采矿场滑板事件频繁发生。

采空区塌陷对土地资源的破坏在采矿中占有重要地位，它主要是由地下开采造成的。而我国的矿山开采中，以地下开采为主。另外，采用水溶法开采岩盐所形成的地下溶腔可导致地面沉陷，这在一些盐矿中已有发生。

（3）产生各种水环境问题：

1）矿区水均衡遭受破坏。大量未经处理的废水排入江河湖海，污染严重。其次，在地表水汇流过程中，也有大量地表径流通过裂缝漏入矿井，使地表径流系统明显变小。另外，由于河流变成了矿坑水的排泄通道，河道两侧浅层地下水均受到不同程度的污染。矿井疏干排水，导致大面积区域性地下水位下降，破坏矿区水均衡系统；造成大面积疏干漏斗、泉水干枯、河水断流、地表水入渗或经塌陷灌入地下，影响矿山地区的生态环境，使原来用井泉或地表水作为工农业供水的厂矿、村庄和城镇发生水荒。

2）破坏水均衡系统，引起水体污染。沿海地区的一些矿山因疏干漏斗不断发展，当其边界达到海水面时，易引起海水入浸现象。矿山附近地表水体常作为废水、废渣的排放场所，因此常遭受污染。地下水的污染一般局限于矿山附近，为废水及废渣、尾矿堆经淋滤下渗或被污染的地表水下渗所致。

（4）产生大量废气、废渣、废水。大气污染源主要来自矸石、尾矿、自然粉尘、扬尘和一些易挥发气体。矿山固体废弃物主要有矸石、露天矿剥离物、尾矿。矿山开采不仅占用大量土地，而且对土壤和水资源造成了污染。我国矿业活动产生的各种废水主要包括矿坑水，选矿、冶炼废水及尾矿池水等。

1）矿业废气。废气、粉尘及废渣的排放引起大气污染和酸雨，其中，以硫化工和煤炭最严重，它已构成严重的社会公害。此外，废渣、尾矿对大气的污染也相当严重。

2）矿业废水。我国矿业活动产生的各种废水主要包括矿坑水，选矿、冶炼废水及尾矿池水等。其中，煤矿、各种金属、非金属矿业的废水以酸性为主，并多含大量重金属及有毒、有害元素（如铜、铅、锌、砷、镉、六价铬、汞、氰化物）以及 COD、BOD、悬浮物等；石油、石化业的废水中尚含挥发性酚、石油类、苯类、多环芳烃等物质。众多废水未经达标处理就任意排放，甚至直接排入地表水体中，使土壤或地表水体受到污染；此外，排出的废水入渗，也会使地下水受到污染。

3）矿业废渣。矿业废渣包括煤矸石、废石、尾矿等。

（5）水土流失及土地沙化。矿业活动，特别是露天开采，大量破坏了植被和山坡土体，产生的废石、废渣等松散物质极易促使矿山地区水土流失。

（6）其他灾害：

1）土壤污染。“三废”排放使矿区周围土壤受到不同程度污染。

2）矿震。采矿所诱发的地震出现在我国许多矿山，这成为矿山主要环境问题之一。

3）尾矿库溃坝。由于某些原因，尾矿坝溃塌，尾矿外流，造成极大危害。

4）崩塌、滑坡、泥石流。采矿活动及堆放的废渣因受地形、气候条件及人为因素的影响，发生崩塌、滑坡、泥石流等。如矿山排放的废渣常堆积在山坡或沟谷内，这些松散物质在暴雨诱发下极易发生泥石流。

总而言之，矿山开采对环境的破坏是严重的：开采活动对土地的直接破坏，如露天开采直接破坏地表土层和植被；矿山开采过程中的废弃物（如尾矿、矸石等）需要大面积的堆置场地，导致对土地的过量占用和对堆置场原有生态系统的破坏；矿石、废渣等固体废物中含酸性、碱性、毒性、放射性或重金属成分，通过地表水体径流、大气飘尘，污染周围的土地、水域和大气，其影响面将远远超过废弃物堆置场的地域和空间，污染影响要花费大量人力、物力、财力，经过很长时间才能恢复，而且很难恢复到原有的水平。

B 矿山企业环境现状

矿山环境问题的防治主要包括“三废”（废水、废气、废渣）的防治、矿山土地复垦及采空区地面沉陷（塌陷）、泥石流、岩溶塌陷等灾害的防治。

a 废气治理

废气治理主要是对窑炉的烟尘治理及各种生产工艺废气中物料回收和污染的处理。据统计，矿业采选行业治理率、治理水平都比较低，整个采选行业处理率不足20%，低于全国其他行业的平均处理率。

b 废水处理

我国矿山排放的废水种类主要有酸性废水、含悬浮物的废水、含盐废水和选矿废水等。为防止对环境的污染，目前主要从改革工艺、更新设备、减少废水和污染物排放，提高水的重复利用率，以废治废、将废水作为一种资源综合利用三个方面进行治理。

目前存在的问题，一是废水处理装置能力不足，据统计，目前还有30%左右的废水未经处理就直接外排；二是废水处理技术开发水平还不高；三是节约用水和废水治理的管理制度还不够完善。

c 废渣处理

矿山废渣的处理主要是综合利用，即废渣减量化、资源化、能源化。这是一项保护环境、保护一次原材料、促进增产节约的有效措施。总的来看，矿业废渣占全国固体废物总量的一半，但处置利用率最低，对矿山环境的影响大。从各类矿业看，煤炭、建材非金属采选业的废渣利用率较高，而黑色金属采选业的废渣处置率较低。

d 土地复垦

土地复垦是采空区造成的地面沉陷、排土场、尾矿堆和闭坑后露天采场治理的最佳途径，不仅可改善矿山环境，还可恢复大量土地，因而具有深远的社会效益、环境效益和经济效益。

e 泥石流的防治

矿山泥石流通常发生在排土初期，随着排出的废弃物数量增加，排土场的边坡稳定性往往得以提高和加强，矿山泥石流也就逐渐减弱。对矿山泥石流防治的关键是预防。我国目前所采取的预防措施主要有：合理选择剥离物排弃场场址，慎重采用“高台阶”的排弃方法；清除地表水对剥离排弃物的不利影响；有计划地安排岩土堆置；复垦等。对泥石流的治理，可采取生物措施（如植树、种草），但其时间长、见效慢。目前，除加强排土场和尾矿库的管理外，大多采用工程治理措施，主要是拦挡、排导及跨越措施。

f 岩溶塌陷的防治

我国对岩溶塌陷的防治工作开始于20世纪60年代，目前已有一套比较完整和成熟的方法。防治的关键是在掌握矿区和区域塌陷规律的前提下，对塌陷做出科学的评价和预测，即采取以早期预测、预防为主，治理为辅，防治相结合的办法。

（1）塌陷前的预防采取如下主要措施：合理安排矿山建设总体布局；河流改道引流，避开塌陷区；修筑特厚防洪堤；控制地下水位下降速度和防止突然涌水，以减少塌陷的发生；建造防渗帷幕，避免或减少预测塌陷区的地下水位下降，防止产生地面塌陷；建立地面塌陷监测网。

（2）塌陷后的治理措施主要有以下几种：塌洞回填；河流局部改道与河槽防渗；综合治理。

g 矿山水均衡遭受破坏的防治

为防治和防止因疏排地下水而引起对矿山地区水均衡的破坏，保护地下水资源，并消除或减轻因疏排地下水引起的地面塌陷等环境问题，一些矿山采用防渗帷幕、防渗墙等工程，堵截外围地下水的补给，取得了显著的环境效益和经济效益。

6.1.1.2 矿山生产生态保护

A 矿山环境治理

a 固体废弃物的资源化

矿山尾矿、废石等固体废弃物治理的关键问题是综合利用。如果对其经济有效地综合利用，其数量就会减少，通过最终充填、掩埋处置，其危害就能消除。矿山固体废弃物的资源化是综合利用的基础和条件。

（1）尾矿。我国矿产资源特点为伴生矿多、难选矿多、贫矿多、小矿多。我国矿山企业多，矿产资源是国民经济和社会发展的重要物质基础。我国正处在全面建设小康社会，加速工业化，对矿产资源需求强劲增长时期，产生了大量的尾矿。由于技术原因，这些尾矿仍有大量可利用的矿产资源，通过先进技术仍可以从中提取有用资源。其他尾矿还可以作为井下充填料，作路基填料等。尾矿虽然是矿产资源一次利用的废弃物，但是可以转化为有用的资源实现二次利用。

（2）废石。矿山开采过程中产生了大量废石，实际上这些废石也是具有巨大价值的二次资源。要对这些废石进行综合治理，首先就地消化，尽可能地合理利用，化害为利。其次是采取防护措施，减少对环境的污染。这些废石可以用做建筑材料，回收有用金属及其他物质；修建道路及工业和民用建筑场地；用做露天采场及井下回采充填料。

b 土地复垦

矿山的开发，必然要使矿区的自然环境遭到破坏。特别是露天开采，与地下开采相比，具有很大的优势，露天开采的结果，破坏了地面地形、地物的本来面貌，特别是对森林、绿色植物等植被的破坏，其结果使水土流失，甚至引起气候的变迁。由于开采不但截断了地下水源，使有毒的金属离子暴露出来，而且在地表堆积着大量的废石、废渣、尾矿及形成了大片采空区凹地。特别是废弃的露天矿场，几乎是一片荒凉。

另外，地下开采的结果，使井下形成了许多采空区和空洞，特别是利用允许地表陷落的崩落法的矿山，将会给地表带来错位和沉陷的问题。

总之，随着矿床的开采，必然会对地表产生破坏，并且随着矿山资源的不断开采，受破坏的面积越来越大。因此，要将废弃的矿山和正在开采的矿山进行土地恢复工作，为工业、农业、林业及其他行业提供可利用的土地及改善自然环境状态，避免矿山对环境的污染。

c 矿山废水的无害化

我国是水资源贫乏的国家，人均水资源仅为世界平均水平的1/4。水资源短缺已经成为我国经济社会发展的主要制约因素之一。而在矿山开采过程中又会产生大量的矿山废水，其中包括矿坑水、露采场废水、选矿厂废水、尾矿库和废石场的淋滤水，这些水不仅白白浪费，而且更重要的是，它们的排放严重地污染了地表水和地下水，危害环境，因此，矿山废水通过处理后无害排放，并予以利用，意义重大。

我国绝大部分有色矿山、部分铁矿山和贵金属矿山为原生硫化物矿床或含硫化物矿床，这些矿床无论露采还是地下采，都会产生大量的硫化物或含硫化物的废石，堆存在废石场的这些废石在氧和水的作用下，风化、淋溶产生大量酸性废水。可以说，有色金属矿山以及含硫化物的贵金属矿山和铁矿山的开采，已成为对水体和生态环境造成污染最严重的行业之一。

B 矿山环境保护措施

矿山环境保护措施有：

(1) 组织措施。主要是建立环境保护的管理机构和监测体系。目前，我国矿山环境保护机构的设置，根据矿山建设和生产过程中对环境污染的程度及企业规模的大小确定。一般大型矿山设置环保科，中、小型矿山建立科或组。矿山企业中的环境保护人员主要包括矿山环保科研人员、环境监测人员、污水治理人员、矿山企业防尘人员、保护设备检修人员、矿区绿化人员、复垦造田人员等。

(2) 经济手段。矿山企业环保设施的投资，是矿山基建总投资的一部分。根据目前矿山企业的生产情况，环保工程投资主要有以下几方面："三废"处理设施、除尘设施、污水处理设施、噪声防止设施、绿化、放射性保护、环境监测设施、复垦造田等。投资的来源大致有以下几个方面：新建及改扩建项目的工程基建投资；主管部门和企业自筹资金；排污回扣费，即环保补助资金。环保工程投资的多少，根据矿山建设的客观条件和要求而定。环境保护和治理的资金来源还直接与企业的管理和经济效益有关。

(3) 环保资金来源的政策性措施。为保护环境和治理污染，国务院和有关部门制定了《污染源治理专项基金有偿使用暂行办法》、《关于工矿企业治理"三废"污染开展综合利用产品利润提留办法的通知》、《关于环境保护资金渠道的规定的通知》等行政法规和部门规章，保证了环境保护与治理经费有一个重要来源。

(4) 矿山环境保护有关的政策性法规及标准。经过30多年的发展，我国已经形成一系列与矿山环境保护有关的法律制度，其中主要有《中华人民共和国矿产资源法》、《中华人民共和国环境保护法》、《中华人民共和国水污染防治法》、《中华人民共和国大气污染防治法》、《中华人民共和国海洋环境保护法》以及《中华人民共和国土地管理法》等。

有关的矿山环境标准有《大气环境质量标准》、《城市区域环境噪声标准》、《地面水环境质量标准》、《工业炉窑烟尘排放标准》、《有色金属工业固体废物污染控制标准》等。

C 加强矿山环境保护的对策

加强矿山环境保护的对策有：

（1）正确处理矿产资源开发与环境保护的关系，切实加强矿山环境保护工作。矿业开发要正确处理近期与长远、局部与全局的关系，把矿产资源开发利用与环境保护紧密结合起来，实现矿业的持续健康发展。

矿产资源开发不得以牺牲环境为代价，避免走先污染后治理、先破坏后恢复的老路。采矿权人对矿山开发活动造成的耕地、草原、林地等破坏，应采取有力的措施进行恢复治理；对矿山产生的废气、废水、弃渣，必须按照国家规定的有关环境质量标准进行处置、排放；对矿山开发活动中遗留的坑、井、巷等工程，必须进行封闭或者填实，恢复到安全状态；对采矿形成的危岩体、地面塌陷、地裂缝、地下水系统破坏等地质灾害要进行治理。矿产资源开发要保护矿区周围的环境和自然景观。严禁在自然保护区、风景名胜区、森林公园、饮用水源地保护区内开矿。严格控制在铁路、公路等交通干线两侧的可视范围内进行采矿活动。西部矿产资源开发必须重视生态环境的保护和建设，防止矿产资源开发加剧生态环境恶化。

根据国家的方针政策，综合运用经济、法律和必要的行政手段，依法关闭产品质量低劣、浪费资源、污染严重、不具备安全生产条件的矿山，积极稳妥地关闭资源枯竭的矿山。资源开采为主的城市和大矿区，要因地制宜发展接续和替代产业。

（2）明确目标，科学规划，把矿山环境保护作为一项重要任务来抓。各地应结合当地工作实际，抓紧开展矿山环境调查与评价，制定矿山环境保护规划，并纳入当地的国民经济和社会发展计划。矿山企业是矿山环境保护与治理的直接责任人，要抓紧制定本企业矿山环境保护与治理规划，切实保护好矿山环境。

对开发造成的矿山环境破坏，应有计划、有步骤地进行治理，以使矿山及周围矿山城市的环境质量有明显改善，使重点开发区的环境污染及生态环境恶化的状况基本得到控制。

（3）加强法规和制度化建设，全面推进矿山环境保护。各级人民政府要依据《环境保护法》、《矿产资源法》、《土地管理法》等法律法规，结合本地区的实际情况，制定矿山环境保护管理法律法规、产业政策和技术规范，为加强矿山环境保护工作提供强有力的法律保障，使矿山环境保护工作尽快走上法制化的轨道。

要完善矿山环境保护的经济政策，建立多元化、多渠道的投资机制，调动社会各方面的积极性，妥善解决矿山环境保护与治理的资金问题。对于历史上由采矿造成的矿山环境破坏而责任人灭失的，各计划部门、财政部门应会同有关部门建立矿山环境治理资金，专项用于矿山环境的保护治理；对于虽有责任人的原国有矿山企业，矿山开发时间较长或已接近闭坑，矿山环境破坏严重，矿山企业经济困难无力承担治理的，由政府补助和企业分担；对于生产矿山和新建矿山，遵照“谁开发、谁保护”、“谁破坏、谁治理”、“谁治理、谁受益”的原则，建立矿山环境恢复保证金制度和有关矿山环境恢复补偿机制；各地政府要制定矿山环境保护的优惠政策，调动矿山企业及社会对矿山环境保护与治理的积极性；鼓励社会捐助，积极争取国际资助，加大矿山环境保护与治理的资金投入。

（4）强化监督管理，严格控制矿山环境遭受破坏。矿山建设严格执行“三同时”制度，保证各项环境保护和治理措施、设施与主体工程同时设计、同时施工、同时投产。对措施不落实、设施未验收或验收不合格的矿山建设项目，不得投产使用；对强行生产的，国土资源主管部门要依法吊销采矿许可证。

各级人民政府要坚持预防为主、保护优先的方针，坚决控制新的矿山环境污染和破坏。对于新建和技术改造的矿山建设项目，严格执行环境影响评价制度，矿山环境影响评价报告必须设立矿山地质环境影响专篇，矿山环境影响评价报告书作为采矿申请人办理采矿许可证和矿山建设项目审批的主要依据。矿山申请建设用地之前必须进行地质灾害危险性评估，评估结果作为办理建设用地审批手续主要依据之一。各级资源环境行政主管部门要严格把关，确保矿山开采中环境不遭到破坏。

矿山企业对矿区范围的矿山环境实施动态监测，并向资源环境行政主管提供监测结果，采矿引起的突发性地质灾害要及时向当地政府和行政主管部门报告。

各级人民政府要加强矿山环境保护监督管理，在矿山企业年检中加强矿山环境的年检内容，对矿山环境破坏严重的企业，责令限期治理，并依法处罚。

（5）依靠科技进步和国际合作，提高矿山环境保护水平。要加强矿山环境保护的科学研究，着重研究矿业开发过程中引起的环境变化及防治技术、矿业“三废”的处理和废弃物回收与综合利用技术，采用先进的采、选技术和加工利用技术，提高劳动生产率和资源利用率。加强矿山环境保护新技术、新工艺的开发与推广，增加科技投入，促进资源综合利用和环境保护产业化。加强矿山生态环境恢复治理工作，不断提高生态环境破坏治理率。引进和开发适用于矿区损毁土地复垦和生态重建的新技术，进行矿区生态重建科技示范工程研究，加大矿山环境治理与土地复垦力度，在一些工作开展早、基础条件好的矿区，选择不同类型、不同地区的大型矿业基地，针对矿产资源开发利用所造成的生态环境破坏问题，以可持续发展的观点，发展绿色矿业，建立绿色矿业示范区。应加强国际合作，大力培训人才，努力学习各国矿山环境保护的先进技术和经验，从而加强和改善我国矿山环境保护工作。

（6）加强领导，共同推进矿山环境保护工作。要把加强矿山环境保护工作作为矿业开发的重要内容和紧迫任务，各级政府、资源环境管理部门都要充分认识到这项工作的重要性和艰巨性，坚持不懈地抓下去。地方各级人民政府应当对本辖区的矿山环境质量负责，应采取措施改善矿山环境质量，省级政府要确定一位省级领导具体负责，坚持和完善各级政府对资源环境工作的目标责任制，建立矿山环境保护目标，做到责任到位，认真落实，并作为政绩考核内容之一。国务院各有关部门要加强协调与合作，共同做好矿山环境保护工作。国家环境保护总局要站在全局的高度，履行执法监督职能，做好综合协调；国土资源部负责矿山环境保护具体工作，在做好地质环境保护监督管理的同时，积极推进和组织矿山环境调查、规划和矿山地质灾害防治及土地复垦工作；各有关部门要密切配合，大力支持矿山环境保护工作。

D 我国环境保护的基本方针

我国是发展中国家，随着经济的发展，环境污染的问题日益突出。虽然环境污染并不是经济发展的必然结果，但是总结工业发达国家环境污染的经验教训，如果不采取有效措施，加强对环境的管理，其结果必然重踏工业发达国家“先污染后治理”的弯路。

世界上工业发达的国家在环境保护方面取得较大成就的主要经验是：

（1）规定各种环境保护法律、政策，若有违犯，给予经济惩罚和法律制裁。

（2）普遍建立环境保护机构。

（3）实行以环境规划为中心的环境管理体制。

我国党和政府对环保工作十分重视。《宪法》第十一条第三款规定：“国家保护环境和自然资源，防治污染和其他公害。”这就把保护环境、合理开发和充分利用自然资源作为我国现代化建设中的一项战略任务和基本国策。国家把环境污染和生态破坏与经济建设、城市建设和环境建设同步规划、同步实施、同步发展，力求经济效益、社会效益和环境效益统一起来。这是因为我国是一个人口众多的发展中国家，不但要发展现代化的工农业和国防科学技术，而且还十分重视环境保护工作，否则就会重踏工业发达国家先污染后治理的老路，甚至导致自毁家园、破坏生存条件的严重恶果。

（1）“预防为主”是我国环境保护的基本方针，是搞好科学的环境管理所必须采取的主要手段。“预防为主”就是要防患于未然，要充分注意防止对环境和自然资源的污染和破坏；尽可能减少污染的产生，严格控制污染物进入环境；在新建、改建和扩建工程中有关环境保护的设施必须与主体工程同时设计、同时施工、同时投产。如果不执行“预防为主”的方针，其结果必然是先污染后治理的局面，污染容易，治理难，恢复更难，后患无穷。

（2）“全面规划，合理布局”是防治污染的关键。在制定矿山总体规划时，要把保护环境的目标、指标和措施同时列入规划，应该根据矿区的自然条件、经济条件做出环境影响的评价，找出一种既能合理布局矿山企业，又能维持矿区及其附近的生态平衡，保证环境质量的最佳总体规划方案。矿山是采矿、选矿及冶炼的联合企业，而采矿本身又有露天和地下开采之分。因此，对新建矿山的设计和对老矿山的改造，首先要注意采矿、选矿、冶炼生产的合理布局，生产区和生活区的布局，井口工业场地的合理布局以及进风、排风井的位置，废石场、废渣堆积场、尾矿坝、高炉渣、冶金渣等的堆放及布置位置。

此外，对于矿区的地形、地质、水源、风向等均应全面考虑，做到统筹兼顾、全面安排。

（3）“综合利用，化害为利”是消除污染的重要措施。工业“三废”特别是矿山选矿和冶炼的“三废”中，有益有害组分是在一起的，所以“三废”的处理和有益组分的回收是密切相关的，“废”与“宝”是相对的，有许多对环境造成污染的物质，弃之有害，收之为宝。应该在坚持执行“预防为主”的方针时，对于某些不可避免的污染物质一定要采取综合利用的方针，变废为宝。这样不但消除了污染，减轻了危害，而且回收了资源，得到更大的经济效益。国家对综合利用是采取鼓励的政策。《中华人民共和国环境保护法》中指出：国家对企业利用废气、废水、废渣作主要原料生产的产品，给予减税、免税和价格政策上的照顾，盈利所得不上交，由企业用于治理污染和改善环境。

（4）“发动群众，大家动手”是环境保护工作的群众路线。环境保护工作既要有专门的专业队伍，更要发动群众，依靠群众。如植树造林、爱国卫生运动、加强企业管理、开展减少污染的技术改造、技术革新等都涉及每个人、每个方面，而且互相之间、各行各业都要紧密配合。只有把群众发动起来，人人重视和监督环境保护工作，并与专业队伍密切配合，才能取得显著成绩。《中华人民共和国环境保护法》规定：公民对污染和破坏环境的单位和个人有权监督、检举和控告。被检举、控告的单位和个人不得打击报复。规定国家对保护环境有显著成绩和贡献的单位、个人给予表扬和奖励。

（5）“保护环境，造福人民”是环境保护工作的目的。环境保护就是为了造福人民和子孙后代，要克服“怕花钱、怕投资”等错误思想。有些领导不关心工人的生命安全，把发展生产与保护环境对立起来，他们不懂得环境保护是进行工业生产、发展经济不可缺少的条件和环境保护方针的政策性和科学性。

总之，必须认真执行党和国家制定的环境保护方针、政策，让富饶的祖国成为一个“清水蓝天、花香鸟语”的美丽乐园。

6.1.2 矿产资源的可持续发展

6.1.2.1 可持续发展理念

A 可持续发展的内涵

可持续发展理念既包括古代文明的哲理精华，又富蕴着现代人类活动的实践总结，是对“人与自然关系”、“人与人关系”这两大主题的正确认识和完美的整合。它始终贯穿着“人与自然的平衡”、“人与人的和谐”这两大主线，并由此出发，不断探求“人类活动的理性规则，人与自然的协同进化，发展轨迹的时空耦合，人类需求的自控能力，社会约束的自律程度，以及人类活动的整体效益准则和普遍认同的道德规范”等，并理性地通过平衡、自制、优化、协调，最终达到人与自然之间的协同和人与人之间的公正。

可持续发展的含义丰富，涉及面很广。侧重于生态的可持续发展，其含义强调的是资源的开发利用不能超过生态系统的承受能力，保持生态系统的可持续性；侧重于经济的可持续发展，其含义则强调经济发展的合理性和可持续性；侧重于社会的可持续发展，其含义则包含了政治、经济、社会的各个方面，是个广义的可持续发展含义。尽管其定义不同，表达各异，但其理念得到全球范围的共识，其内涵都包括了一些共同的基本原则：

（1）公平性原则。公平性是指机会选择的平等性，即可持续发展不仅要实现当代人之间的公平，而且也要实现当代人与未来各代人之间的公平。从伦理上讲，未来各代人应与当代人一样有权力提出他们对资源与环境的需求，因为人类赖以生存的自然资源是有限的。这是可持续发展与传统发展模式的根本区别之一。

（2）持续性原则。资源环境是人类生存与发展的基础和条件，资源的持续利用和生态系统持续的保持，是人类社会可持续发展的首要条件。可持续发展要求人们根据可持续性的条件调整自己的生活方式，在生态可能的范围内确定自己的消耗标准。它从另一个侧面反映了可持续发展的公平性原则。

（3）和谐性原则。可持续发展要求具有和谐性，从广义上说，可持续发展的战略就是要促进人类之间及人类与自然界之间的和谐。如果每个人都能真诚地按“和谐性”原则行事，则人类与自然之间就能保持一种互惠共生的关系，也只有这样，可持续发展才能实现。

（4）需求性原则。传统发展模式所追求的目标是经济的增长，立足市场发展生产，忽视了资源的有限性，因此，世界资源承受着前所未有的压力，环境在不断恶化，致使人类需求的一些基本物质不能得到满足。而可持续发展则坚持公平性和长期性，是立足于满足所有人的基本需求的发展，是强调人的需求而不是市场需求的发展。

B 可持续发展的目标

可持续发展理念的核心，在于正确规范两大基本关系，即人与自然之间的关系和人与人之间的关系。人与自然之间的相互适应和协同进化是人类文明得以可持续发展的“外部条件”；而人与人之间的相互尊重、平等互利、互助互信、自律互律、共建共享以及当代发展不危及后代的生存和发展等，是人类得以延续的“内在根据条件”。唯有这种必要与充分条件的完整组合，才能真正地构建出可持续发展的理想框架，完成对传统思维定式的突破，可持续发展战略才有可能真正成为世界上不同社会制度、不同意识形态、不同文化背景的人们的共同发展战略。具体表述为：

（1）不断满足当代和后代人生产、生活的发展对物质、能量、信息、文化的需求。这里强调的是“发展”。

（2）代际之间按照公平性原则去使用和管理属于人类的资源和环境。每代人都要以公正原则担负起各自的责任。当代人的发展不能以牺牲后代人的发展为代价。这里强调的是“公平”。

（3）国际和区际之间应体现均富、合作、互补、平等的原则，去缩小同代之间的差距，不应造成物质上、能量上、信息上乃至心理上的鸿沟，以此去实现“资源—生产—市场”之间的内部协调和统一。这里强调的是“合作”。

（4）创造与“自然—社会—经济”支持系统相适宜的外部条件，使得人类生活在一种更严格、更有序、更健康、更愉悦的环境之中。因此，应当使系统的组织结构和运行机制不断地优化。这里强调的是“协调”。

事实上，只有当人类向自然的索取被人类给予自然的回馈所补偿，创造了一个“人与人”之间的和谐世界时，可持续发展才能真正被实现。

C 我国可持续发展战略

中国作为世界上人口最多的发展中国家，坚定地走可持续发展道路，把可持续发展作为国家基本战略，其核心内容是发展，要实现人口、资源、环境与经济社会发展的协调，实现经济和社会的可持续发展。

(1) 可持续发展总体战略。它是从总体上论述了中国可持续发展的背景、必要性、战略与对策等。其内容包括：建立中国的可持续发展法律体系，通过立法保障社会各阶层参与可持续发展以及相应的决策过程；制定和推进有利于可持续发展的经济政策、技术政策和税收政策；加强现有信息系统的联网和信息共享，加强教育建设、人力资源开发与高科技能力等。

(2) 社会可持续发展。其内容包括：控制人口增长，提高人口素质，引导民众采用新的消费和生活方式；在工业化、城市化过程中发展中小城市和小城镇，扩大就业容量，大力发展第三产业；加强城乡建设规划和合理利用土地；增强贫困地区自身经济发展能力，尽快消除贫困；建立与社会经济发展相适应的自然灾害防治体系等。

(3) 经济可持续发展。其内容主要包括：利用市场机制和经济手段，推动可持续综合管理体系；推广清洁生产，发展环保产业；提高能源效率与节能，开发利用新能源和可再生能源。

(4) 生态可持续发展。其内容包括：对重点区域和流域进行综合开发整治，完善生物多样性保护法规体系，建立和扩大国家自然保护区网络；建立全国土地荒漠化监测的信息系统，采用先进技术控制大气污染和防治酸雨；开发消耗臭氧层物质的替代产品和替代技术，大面积造林；建立有害废物处置与利用的法规及技术标准等。

6.1.2.2 我国矿产资源的开发

A 矿业开发的负效应

人类大规模开发矿产资源、推进现代科技进步的同时，也导致了矿区生态与环境的严重破坏。矿产开发带来的环境负效应十分严重，突出表现在以下几方面：

(1) 自然景观破坏，地质灾害严重。通常，矿产开发区在开采之前都是森林、草地或植被覆盖的山体，一旦开采后，植被消失，山体破坏，尾矿、废石堆置占用大量土地，严重破坏自然景观。与此同时，随着地下矿产开发的推进，还可能不断出现矿井突水、冒顶及地面塌陷、滑坡、泥石流等事故；遇到干旱多风季节，由尾砂库引发的沙尘暴也造成严重的地质灾害。

(2) 土壤基质恶化，严重影响植物繁殖。重金属毒害是矿产开发地区普遍严重存在的问题，尾矿中有害成分对植物生长起着严重的抑制作用。尾矿的污染是高度酸化，高含量的重金属与强酸度，严重影响矿区周围的植被及农作物的繁殖。

（3）下游水质污染，毒害水栖生物和危及人畜用水安全。由于矿床开采过程中受污染水的任意排放，以及堆置固体废物受雨水的淋溶作用，重金属与有机化合物等有害物质随雨水渗入到矿区水系，污染下游水域；此外，由于矿床开采造成地下水的枯竭，以及矿坑水蓄水池的建立，都可能使水的渗透速度与方向发生根本变化，使下游水质受到污染，以致破坏水域生态环境，威胁人类健康。

（4）土壤结构恶化，生物多样性遭受破坏。矿区经过表土剥离和大型设备的重压，留下的是坚硬、板结的基质，极不利于植物生长和动物定居。

B 我国矿产开发现状

采矿是矿产资源开发和利用的前端工序。按照传统的认识，在矿床开采过程中，人们通常注重于矿床开采的经济活动，较少结合开采过程考虑矿床开采对自然环境的严重负面影响；往往在出现生态破坏和环境污染后再进行末端治理，较少按照矿产资源开采与生态环境相协调的理念，将矿床开采的各个工序作为一个系统从源头解决矿山环境污染问题。因而，我国因矿产资源开发利用造成了大量的土地受到破坏，排放的固体废料达工业行业排放固体废料总量的85%。矿山固体废料的排放占用了大量宝贵的土地，造成生态环境恶化，同时也造成大量有价金属与非金属资源的流失。特别是我国大多数矿山生产规模小，数量众多，技术水平差别大，较多矿山的环境保护工作滞后，矿山生态环境严重恶化。矿山的环境污染和破坏给当地自然生态环境、社会经济生活带来了很大的负面影响。可见，我国矿产资源开发与利用引发的环境破坏显著增加了地球环境的负荷，这已成为亟待解决的重大课题。

（1）资源浪费。我国金属矿产资源的开采损失比较严重。我国金属矿产资源的综合利用率比国外先进水平低10~20个百分点。当代被采矿体的围岩也极有可能含有远景矿产资源，能在将来得到利用。但按照目前通常的认识，它们在现有技术条件下不能被利用，或还不能被认识到将来的工业价值。因而，在当代采矿活动中很少考虑这些远景资源在将来的开发利用。事实上，在远景资源还不能被明确界定的条件下也难以进行综合规划。因此，在开发资源的过程中，远景资源往往受到极大破坏，很难被再次开发，或者即使能开发也增加了很大的技术难度。此外，我国矿床的一个显著特点是共生、伴生矿床多，80%的矿床伴生多种有用组分，铜的25%、金的40%、钼的25%是赋存于伴生矿床中的。目前，不少矿山废弃物中的伴生矿物的价值甚至高于主矿物的几倍至几十倍。大量的资源在采选过程中损失浪费，使人类可利用资源的紧缺程度进一步加剧。

（2）地表塌陷。采矿工业在索取资源的同时，因开采而在地下形成大量采空区，即矿石被回采后，遗留在地下的回采空间。用崩落采矿法回采时，在覆盖岩石下出矿，回采空间需要崩落上部矿岩进行填充，会造成地表塌陷。采用空场采矿法回采时，出矿后留下采空区。采空区的存在使岩体中的应力重新分布，在空区的周边产生应力集中形成地压，使空区顶板、围岩和矿柱发生变形、破坏和移动，产生顶板冒落，或者强制崩落上部围岩填充采空区，造成地表塌陷。无论是崩落采空区顶板，还是采空区失稳塌陷，都会造成地表和植被遭受破坏。矿山开采诱发的地面崩塌、滑坡、塌陷等地质灾害已十分普遍。

(3) 排放废料。目前的采矿工业体系实际上是一个开采资源和排放废料的过程。矿业开发活动是向环境排放废弃物的主要来源。我国在矿产资源开发利用过程中产生的尾砂、废石、煤矸石、粉煤灰和冶炼渣已成为排放量最大的工业固体废弃物，占全国工业固体废弃物排放总量的85%。可见，现在的采矿工业模式显著增加了地球环境的负荷，不能满足可持续发展原则。

(4) 安全隐患。矿床开采留下的采空区、排放的废石场和构筑的尾砂库带来严重的安全隐患。如采空区产生或诱发矿区塌陷、崩塌、滑坡、地震、矿井突水、顶板冒落等地质灾害，废石场引发泥石流以及尾砂库溃坝等灾害事故时有发生，这严重威胁矿山正常生产和矿区人民的生命财产安全，带来了大量人员伤亡和经济损失。

(5) 没有有效治理方法。人类在采矿工业的发展进程中已认识到矿产资源开采所引发的生态问题与环境问题，矿产资源的大量开发遗留给人类的生存环境日趋恶化。近年来，世界各国一直采取措施来治理污染和恢复生态，生产过程的末端治理治标不治本。从长远来看，生产过程末端治理所需的资金极大，废物料还必须进行最终处理。

6.1.2.3 我国矿产可持续发展

A 矿产可持续发展目标

我国矿产可持续发展目标是：合理使用、节约和保护资源，提高资源利用率和综合利用水平；建立重要资源安全供应体系和实施重要战略资源储备，最大限度地保证国民经济建设对资源的需要。具体措施有：在矿产资源利用上，进一步健全矿产资源法律法规体系；科学编制和严格实施矿产资源规划，加强对矿产资源开发利用的宏观调控，促进矿产资源勘查和开发利用的合理布局；进一步加强矿产资源调查评价和勘查工作，提高矿产资源保证程度；对战略性矿产资源实行保护性开采；健全矿产资源有偿使用制度，依靠科技进步和科学管理，促进矿产资源利用结构的调整和优化，提高资源利用效率；充分利用国内外资金、资源和市场，建立大型矿产资源基地和海外矿产资源基地；加强矿山生态环境恢复治理和保护；在矿产资源战略储备方面，建立战略矿产资源储备制度，完善相关经济政策和管理体制；建立战略矿产资源安全供应的预警系统；采用国家储备与社会储备相结合的方式，实施石油等重要矿产资源战略储备。

多年来，我国实施可持续发展战略成绩显著，主要表现在以下几个方面：普遍提高了公众的可持续发展意识；初步建立了可持续发展战略实施的组织管理体系；逐步将可持续发展战略纳入国民经济和社会发展计划；进一步加强了法制建设，建立和完善了可持续发展战略的法律法规；在经济、社会全面发展和人民生活水平不断提高的同时，人口过快增长的势头得到了控制；进一步加强了自然资源保护和生态系统管理，生态建设和环境污染整治步伐加快；进一步加强了资源保护、合理开发和资源综合利用水平；发展了环境保护产业；拓宽并加强了可持续发展领域的国际合作。

B 矿产可持续发展模式

我国必须研究、确立并实施适合我国国情的矿产资源发展战略，以实现矿产资源可持续发展。我国成矿条件有利，金属矿产资源潜力大，特别是西部广大地区及东部深部地带的勘查程度低，找矿潜力大，只要加强勘查工作，并充分利用国外资源，我国完全可以改变当前矿产资源供应的严峻形势。

目前，国内金属矿产资源后备储量正处于危机状态。当务之急就是要进一步推进体制改革，按照市场需求和规划要求，有效有序地增加矿产资源的后备储量与资源量，并充分利用国外矿产资源。要实现金属矿产资源的可持续发展，必须采取适合国情的行之有效的政策与措施。

(1) 加强勘查工作，增加储备量。在经济全球化、矿业全球化的今天，要树立矿产资源全球观。建立稳定、安全、经济、多元化的矿产资源供应体系。对于某些具有战略意义或储量不多的矿产，应优先利用国外资源。同时加大勘查力度，加强金属矿产勘查资金投入，以期获得足够的储备量，以免受制于人。

(2) 建立市场机制，增加国家投入。在矿业发达国家，在矿产勘查、开发中引入市场机制，形成市场，并吸引企业、个人投资矿业，形成矿产勘查与开发自我发展的良性循环，这已是成功的经验，它符合矿业市场运转的规律。另外，政府应在政策和经济上支持。要建立国家矿产勘查风险基金制度，实行优惠的税收政策，鼓励和吸引社会资金投向矿产勘查与开发。

(3) 充分利用国际市场。要充分发挥优势矿产的作用。对国际市场所需的我国优势矿产，在国内要保持一定供应期限的后备储量，由政府指导、监督、把关，协会组织有序生产，有节制出口，控制国际市场价格，并逐步增加深加工矿产品的出口，使资源优势充分转变为外汇优势。

要充分利用国外矿产资源。从国际矿业市场进口矿产品，在国外购买矿产地、矿山，与当地企业或国际矿业公司合资经营或独资勘查和开发，通过投资与受援国联合勘查和开发矿山等。要跟踪市场、研究对策、制定规划，促进我国的矿业发展。

(4) 寻找新型矿产，研究替代产品。为了人类社会及我国的可持续发展，必须致力于开拓、发现新的矿产资源，开发新的能源。要充分利用水力、风力、潮汐、地热等能源，发展外太空领域。开拓国内矿产资源查勘研究新领域的同时，大力开发替代金属原料的非金属矿产资源及开展大洋与极地矿产资源的勘查。

(5) 完善并认真实施法律法规。完善矿产资源法律、法规，合理利用矿产资源。从1986年《中华人民共和国矿产资源法》公布实施以来，矿产资源的管理开始有法可依，找矿、开矿秩序有所好转。

6.1.2.4 发展生态型矿业

A 生态学观念

工业生态学能有效地解决矿床开采的负面问题，它是一个将工业体系模仿生物界的生态规则运行的类比概念，属于可持续发展科学范畴。工业生态学完全推翻了末端治理的传统观念，传统的工业体系是一些相互不发生关系的线形物质流的叠加，每一道制造工序都独立于其他工序。其运行方式简单地说就是开采资源和抛弃废料，这是环境问题的根源。按照传统的工业体系不可能实现可持续发展，只有通过一种更为一体化的工业生产方式来代替简单化的传统生产方式，才能实现可持续发展，这就是工业生态系统。

为了将工业体系真正转变成为可持续的形态，就必须以完全循环的方式运行。在这种形态下，不再区分资源与废料。对一个有机体来说是废料的物质，但对另一个有机体却是资源。只有太阳能是来自外部的支援。矿产资源的开发必须走生态型开采、循环经济、可持续发展之路。

B 矿山环境问题新观念

环境问题的传统观念认为解决的方案是采取措施来治理环境，即末端治理。这是自20世纪60年代以来工业化发达国家广泛采用的技术手段。但是，这些国家的经验表明，生产过程末端治理方法不是有效的解决方案。环境问题是工业生态学研究的一个方面。工业生态学认为，在节约资源的同时又减少污染源的处理成本是可能的。在一些情况下，运用工业生态学方法可以把费用昂贵的废料处理转变成企业的一个新的利益源，因为一道工序或一个企业所产生的废料物质，或许正是其他工序或其他企业所要购买或使用的原材料。

减轻采矿工业对自然环境的破坏，充分回收利用有限的矿产资源，是我国乃至世界范围内需要有计划地完成的一项重大环保任务和资源战略。工业生态学为全面解决环境污染和资源利用，以及提高企业的竞争力，提供了理论方法和实施策略。

针对矿床开采造成的地表塌陷、排放尾砂、排放废石和浪费资源等4大危害，可以按照工业生态学的观念，通过重构生产系统，结合开采过程消除环境污染和生态破坏，使矿山工程与生态环境融为一体；并使采矿过程和谐地纳入自然生态系统物质循环利用过程，形成产品清洁生产、资源高效利用和废料循环利用为特征的生态经济发展形态。这样，就可以从根本上解决传统开采方式所带来的资源浪费、破坏生态、污染环境和安全隐患问题。

C 生态型开采模式

按照工业生态学的基本观点，工业生态型开采模式可描述为：以采矿活动为中心，将矿区资源利用、人文环境、生态环境和经济因素相互联系起来，构成一个有机的工业系统；在采矿过程中，以最小的排放量和对地表生态的破坏量为代价，获取最大的资源量和企业经济效益；在采矿活动结束后，通过最小的末端治理使矿山工程与生态环境融为一个整体。

工业生态型开采模式的具体内涵，应考虑到矿产资源的不可再生，因而矿床开采必须充分回采利用和保护矿产资源；应考虑最大限度地减少矿山废石的产出量；应考虑最大限度地将矿山废石、尾砂或赤泥作为二次资源充分利用起来，减少废料排放污染环境，消除地表塌陷，保护人文环境与生态环境。

在经济因素方面，通过提高采矿回收率和降低采矿贫化率可以使矿山获得直接经济效益，特殊条件下可以减少地表构建筑物搬迁或改造节省支出。

矿床开采给矿产资源和生态环境带来负面效应的4大主要危害源为：资源损失、地表塌陷、排放废石、排放尾砂（赤泥）。其中，第一项危及资源，后三项对生态环境造成重大危害。现代矿床开采应该研究符合生态型开采的参考方法和采矿工艺。近年来，按照工业生态型开采模式，并结合矿床开采工艺控制和消除危害源理论；通过采用保护性充填采矿工艺与技术最大限度地回采矿产资源，并保护地表不塌陷破坏；通过低成本大宗量利用废石与尾砂（赤泥）的矿山充填技术，在开采过程中实现固体废料少排放或零排放，实现走生态型开采、循环经济、可持续发展。

有理由相信，经过广大采矿技术人员、科研人员的努力，具备生态型开采、循环经济、可持续发展要求的采矿方法、采矿技术会相继成功与应用，并能为环境保护做出应有的贡献。

6.1.2.5 发展矿业循环经济

A 循环经济的特征

循环经济的主要特征可归纳为：

（1）物质流动多重循环性。循环经济的经济活动按自然生态系统的运行规律和模式，组织成为一个“资源—产品—再生资源”的物质反复循环流动的过程，最大限度地追求废弃物的零排放。循环经济的核心是物和能的闭环流动。

（2）科学技术先导性。循环经济的实现是以科技进步为先决条件的。依靠科技进步，积极采用无害或低害新工艺、新技术，大力降低原材料和能源的消耗，实现少投入、高产出、低污染。对污染控制的技术思路不再是末端治理，而是采用先进技术实施全过程的控制。

（3）生态、经济、社会效益的协调统一性。循环经济把经济发展建立在自然生态规律的基础上，在利用物质和能量的过程中，向自然界索取的资源最小化，向社会提供的效用最大化，向生态环境排放的废弃物趋零化，使生态效益、经济效益、社会效益达到协调统一。

（4）清洁生产的导引性。清洁生产是循环经济在企业层面的主要表现形式，生产全过程污染控制的核心，就是把环境保护策略应用于产品的设计、生产和服务中，通过改善产品设计的工艺流程，尽可能不产生有害的中间产物，同时实现废物（或排放物）的内部循环，以达到污染最小化及节约资源的目的。

(5) 全社会参与性。推行循环经济是集经济、科技与社会于一体的系统工程，它需要建立一套完备的办事规则和操作规程，并有督促其实施的管理机制。要使循环经济得到发展，光靠企业的努力是不够的，还需要政府的财力和政策支持，需要消费者的理解和支持，才能使经济、社会整体利益最大化。

B 矿业循环经济模式

最近十年，国内外循环经济的实践取得了重要进展。我国不少大中型企业在循环经济理论的驱动下，创造出各种适合实情、可操作、有实效的循环经济模式。

(1) 企业内部循环型。它的主要做法是在企业内部贯彻清洁生产，使资源在各生产环节之间循环使用。按照这种模式运作的矿山企业在开采阶段必须精心设计，以减少采矿损失，提高回采率；对不同品级的矿石应合理规划，贫富兼采；采出废石应当尽量回填，破坏的土地应该复垦绿化；尾矿回填井下或用做建材。在选冶阶段，需要不断根据矿石特征调整工艺，采用先进技术提高选冶回收率，强化共生、伴生组分的综合回收。

(2) 企业自身延伸型。企业通过自身产业延伸，将废物作为再生资源包容在延伸后的企业内部加以消化，使经济总量扩大。

(3) 企业资源交换型。在多种矿产的集中区，各产业部门分别建立了各自的矿山和矿产品加工企业，形成了区域性矿业群体。企业间交叉供应不同的产品或副产品，作为原料、技术和工艺互为补充，最大限度地利用矿产资源。

(4) 产业横向耦合型。矿业与发电、化工、轻工、建材等不同产业部门横向耦合，组成生态工业网络。矿产资源在网内流转、复合、再生，最终大部分或全部被消化吸收。由于网络由不同产业的企业构成，具有广泛的材料需求和完备的加工能力，因此，对矿产资源开发利用的程度较单一矿业要深广得多。

(5) 区域资源整合型。即将矿业全面纳入社会循环经济系统，与区域社会经济融为一体。在区域统筹规划下，通过物质、水系统、能源、信息的集成，各类资源的整合，构建区域性（区、市、省经济区）循环经济系统。矿业不仅与工业发生关系，还介入农牧业、环保业、旅游业及公共事业，为社会提供矿产品、材料、能源、水、气与服务，废弃矿井开发为多种用途的场所，恢复生态的矿山成为旅游和科教的景点。矿业与整个社会经济进入可持续发展的态势。

上述几种模式代表着循环经济发展的不同层次：企业内部循环属于微循环，是整个循环经济的基础；企业群体之间的耦合，是循环经济的主要组成部分；社会整合则标志着循环经济发展到了较高阶段。矿业纳入循环经济后，将作为有机整体的一部分参与社会的新陈代谢，吐故纳新，保持着持久的生命力。矿业纳入循环经济具有矿产资源企业不能组成闭合大循环，只能形成循环链和循环网，实现矿产资源循环利用，必须依靠其他产业的联动与支持等特点。

将矿业纳入循环经济是我国产业结构调整的一部分，是发展矿业，加快建设资源节约型、环境友好型社会的重要战略举措。

6.2 矿山企业环境保护法律法规

6.2.1 矿山企业环境保护法律

6.2.1.1 《中华人民共和国环境保护法》

《中华人民共和国环境保护法》共6章，包括总则、环境监督管理、保护和改善环境、防治环境污染和其他公害、法律责任和附则。主要内容有：

（1）适用范围包括大气、水、海洋、土地、矿藏、森林、草原、野生生物、自然遗迹、人文遗迹、自然保护区、风景名胜区、城市和乡村等。该法规定应防治的污染和其他公害有：废气、废水、废渣、粉尘、恶臭气体、放射性物质以及噪声、振动、电磁波辐射等。

（2）通过规定排污标准、建立环境监测、防污设施建设“三同时”，交纳超标准排污费等制度，保护和改善生活环境与生态环境，防治污染和其他公害。

1989年12月26日第七届全国人民代表大会常务委员会第十一次会议通过《中华人民共和国环境保护法》，1989年12月26日中华人民共和国主席令第二十二号公布施行。

6.2.1.2 《中华人民共和国水污染防治法》

1984年5月11日第六届全国人民代表大会常务委员会第五次会议通过《中华人民共和国水污染防治法》，根据1996年5月15日第八届全国人民代表大会常务委员会第十九次会议《关于修改〈中华人民共和国水污染防治法〉的决定》修正。《中华人民共和国水污染防治法》是为了防治水污染、保护和改善环境、保障饮用水安全、促进经济社会全面协调可持续发展制定的法规。由中华人民共和国第十届全国人民表大会常务委员会第三十二次会议于2008年2月28日修订通过，自2008年6月1日起施行。

《中华人民共和国水污染防治法》共由8章组成：第一章　总则，第二章　水污染防治的标准和规划，第三章　水污染防治的监督管理，第四章　水污染防治措施（一般规定、工业水污染防治、城镇水污染防治、农业和农村水污染防治、船舶水污染防治），第五章　饮用水水源和其他特殊水体保护，第六章　水污染事故处置，第七章　法律责任，第八章　附则。本法适用于中华人民共和国领域内的江河、湖泊、运河、渠道、水库等地表水体以及地下水体的污染防治。

根据《中华人民共和国水污染防治法》，国务院制定了《中华人民共和国水污染防治法实施细则》，2000年3月20日国务院总理朱镕基发布第284号国务院令，发布《中华人民共和国水污染防治法实施细则》，并自发布之日起施行。

6.2.1.3 《中华人民共和国大气污染防治法》

全国人大常委会在1987年制定了《中华人民共和国大气污染防治法》，1995年对这部法律做了修改，时隔5年，在2000年再次对这部法律进行了修订，并于2000年9月1

日起施行。

这部法律对大气污染防治的监督管理体制、主要的法律制度、防治燃烧产生的大气污染、防治机动车船排放污染以及防治废气和恶臭污染的主要措施、法律责任等均做了较为明确、具体的规定。重要的制度有：大气污染物排放总量控制和许可制度、污染物排放超标违法制度、排污收费制度。《大气污染防治法》共7章66条：第一章　总则，第二章　大气污染防治的监督管理，第三章　防治燃煤产生的大气污染，第四章　防治机动车船排放污染，第五章　防治废气、尘和恶臭污染，第六章　法律责任，第七章　附则。

6.2.1.4 《中华人民共和国固体废物污染环境防治法》

1995年10月30日第八届全国人民代表大会常务委员会第十六次会议通过《中华人民共和国固体废物污染环境防治法》。1995年10月30日中华人民共和国主席令第58号公布，自1996年4月1日施行。2004年中华人民共和国第十届全国人民代表大会常务委员会对《中华人民共和国固体废物污染环境防治法》进行了修订，并由中华人民共和国第十届全国人民代表大会常务委员会第十三次会议于2004年12月29日通过，修订后的《中华人民共和国固体废物污染环境防治法》自2005年4月1日起施行。

《中华人民共和国固体废物污染环境防治法》共6章91条，适用于中华人民共和国境内固体废物污染环境的防治。固体废物污染海洋环境的防治和放射性固体废物污染环境的防治不适用本法。其内容包括：第一章　总则，第二章　固体废物污染环境防治的监督管理，第三章　固体废物污染环境的防治，第四章　危险废物污染环境防治的特别规定，第五章　法律责任，第六章　附则。

6.2.1.5 《中华人民共和国环境影响评价法》

《中华人民共和国环境影响评价法》，简称《环评法》，是为了从根本上、全局上和发展的源头上注重环境影响、控制污染、保护生态环境，及时采取措施，减少后患。规划环境影响评价最重要的意义，就是找到了一种比较合理的环境管理机制，充分调动了社会各方面的力量，可以形成政府审批，环境保护行政主管部门统一监督管理，有关部门对规划产生的环境影响负责，公众参与，共同保护环境的新机制。

中华人民共和国第九届全国人民代表大会常务委员会第三十次会议于2002年10月28日通过《中华人民共和国环境影响评价法》，自2003年9月1日起施行。

《中华人民共和国环境影响评价法》共5章38条，为了实施可持续发展战略，预防因规划和建设项目实施后对环境造成不良影响，促进经济、社会和环境的协调发展，制定本法。本法所称环境影响评价，是指对规划和建设项目实施后可能造成的环境影响进行分析、预测和评估，提出预防或者减轻不良环境影响的对策和措施，进行跟踪监测的方法与制度。其内容包括：第一章　总则，第二章　规划的环境影响评价，第三章　建设项目的环境影响评价，第四章　法律责任，第五章　附则。

6.2.1.6 《中华人民共和国矿产资源法》

《中华人民共和国矿产资源法》是为了发展矿业，加强矿产资源的勘查、开发利用和保护工作，保障社会主义现代化建设的当前和长远的需要，根据中华人民共和国宪法而制定的。1986年3月19日第六届全国人民代表大会常务委员会第十五次会议通过。1996年全国人民代表大会常务委员会对《中华人民共和国矿产资源法》进行了修订，1996年8月29日第八届全国人民代表大会常务委员会第二十一次会议通过，自1997年1月1日起施行。

《中华人民共和国矿产资源法》共7章53条，在中华人民共和国领域及管辖海域勘查、开采矿产资源，必须遵守本法。其内容包括：第一章　总则，第二章　矿产资源勘查的登记和开采的审批，第三章　矿产资源的勘查，第四章　矿产资源的开采，第五章　集体矿山企业和个体采矿，第六章　法律责任，第七章　附则。

国务院根据《中华人民共和国矿产资源法》制定了《中华人民共和国矿产资源法实施细则》，1994年3月26日第152号国务院令发布，自发布之日起施行。

6.2.1.7 《中华人民共和国森林法》

1984年9月20日第六届全国人民代表大会常务委员会第七次会议通过《中华人民共和国森林法》。后又根据1998年4月29日第九届全国人民代表大会常务委员会第二次会议《关于修改〈中华人民共和国森林法〉的决定》修正。

《中华人民共和国森林法》是为了保护、培育和合理利用森林资源，加快国土绿化，发挥森林蓄水保土、调节气候、改善环境和提供林产品的作用，适应社会主义建设和人民生活的需要而制定的。在中华人民共和国领域内从事森林、林木的培育种植、采伐利用和森林、林木、林地的经营管理活动，都必须遵守本法。其内容包括：第一章　总则，第二章　森林经营管理，第三章　森林保护，第四章　植树造林，第五章　森林采伐，第六章　法律责任，第七章　附则。

国务院根据《中华人民共和国森林法》，制定了《中华人民共和国森林法实施条例》，2000年1月29日发布，自发布之日起施行。

6.2.1.8 《中华人民共和国土地管理法》

《中华人民共和国土地管理法》指对国家运用法律和行政的手段对土地财产制度和土地资源的合理利用所进行管理活动予以规范的各种法律规范的总称。我国制定土地管理法的目的是：为了加强土地管理，维护土地的社会主义公有制，保护、开发土地资源，合理利用土地，切实保护耕地，促进社会经济的可持续发展。

1986年6月25日第六届全国人民代表大会常务委员会第十六次会议通过《中华人民共和国土地管理法》。1998年8月29日第九届全国人民代表大会常务委员会第四次会议修订并通过，2004年8月28日中华人民共和国主席胡锦涛发布主席令，根据《全国人民代表大会常务委员会关于修改〈中华人民共和国土地管理法〉的决定》已由中华人民共和国第十届全国人民代表大会常务委员会第十一次会议于 2004 年 8 月 28 日通过，现予公布，自公布之日起施行。

《中华人民共和国土地管理法》共 8 章：第一章　总则，第二章　土地的所有权和使用权，第三章　土地利用总体规划，第四章　耕地保护，第五章　建设用地，第六章　监督检查，第七章　法律责任，第八章　附则。

《中华人民共和国土地管理法实施条例》是根据《中华人民共和国土地管理法》制定的，它明确指出国家依法实行土地登记发证制度。依法登记的土地所有权和土地使用权受法律保护，任何单位和个人不得侵犯。《中华人民共和国土地管理法实施条例》经 1998 年 12 月 24 日国务院第十二次常务会议通过，自 1999 年 1 月 1 日起施行。

6.2.1.9 《中华人民共和国水法》

《中华人民共和国水法》是为了合理开发、利用、节约和保护水资源，防治水害，实现水资源的可持续利用，适应国民经济和社会发展的需要而制定的法规。《中华人民共和国水法》由中华人民共和国第九届全国人民代表大会常务委员会第二十九次会议于 2002 年 8 月 29 日修订通过，自 2002 年 10 月 1 日起施行。

《中华人民共和国水法》共 8 章，在中华人民共和国领域内开发、利用、节约、保护、管理水资源，防治水害，适用本法。本法所称水资源，包括地表水和地下水。其内容包括：第一章　总则，第二章　水资源规划，第三章　水资源开发利用，第四章　水资源、水域和水工程的保护，第五章　水资源配置和节约使用，第六章　水事纠纷处理与执法监督检查，第七章　法律责任，第八章　附则。

6.2.1.10 《中华人民共和国水土保持法》

1991 年 6 月 29 日第七届全国人民代表大会常务委员会第二十次会议通过《中华人民共和国水土保持法》。中华人民共和国第十一届全国人民代表大会常务委员会第十八次会议于 2010 年 12 月 25 日修订通过了新的《中华人民共和国水土保持法》，自 2011 年 3 月 1 日起施行。

《中华人民共和国水土保持法》共 7 章，为了预防和治理水土流失，保护和合理利用水土资源，减轻水、旱、风沙灾害，改善生态环境，保障经济社会可持续发展，制定本法。在中华人民共和国境内从事水土保持活动，应当遵守本法。其内容包括：第一章　总则，第二章　规划，第三章　预防，第四章　治理，第五章　监测和监督，第六章　法律责任，第七章　附则。

国务院根据《中华人民共和国水土保持法》制定了《中华人民共和国水土保持法实施条例》，1993 年 8 月 1 日国务院令第 120 号发布施行。

6.2.1.11 《国家突发环境事件应急预案》

国家突发环境事件应急预案指加强对环境事件危险源的监测、监控并实施监督管理，建立环境事件风险防范体系，积极预防、及时控制、消除隐患，提高环境事件防范和处理能力，尽可能地避免或减少突发环境事件的发生，消除或减轻环境事件造成的中长期影响，最大程度地保障公众健康，保护人民群众生命财产安全。针对不同污染源所造成的环境污染、生态污染、放射性污染的特点，实行分类管理，充分发挥部门专业优势，使采取的措施与突发环境事件造成的危害范围和社会影响相适应。

《国家突发环境事件应急预案》由国务院在2006年1月24日颁布并实施，主要内容包括：第一章　总则，第二章　组织指挥与职责，第三章　预防和预警，第四章　应急响应，第五章　应急保障，第六章　后期处置，第七章　附则。

6.2.2 中华人民共和国环境保护标准

6.2.2.1 《大气环境质量标准》

1982年4月6日国务院环境保护领导小组发布《大气环境质量标准》，1982年8月1日实施。它是为控制和改善大气质量，创造清洁适宜的环境，防止生态破坏，保护人民健康，促进经济发展而制订。它适用于全国范围的大气环境。

为贯彻《中华人民共和国环境保护法》和《中华人民共和国大气污染防治法》，保护和改善生活环境、生态环境，保障人体健康，2012年3月2日中华人民共和国环境保护部发布关于实施《环境空气质量标准》（GB 3095—2012）的通知，发布了国家环境保护部新修订了的《环境空气质量标准》，本标准规定了环境空气功能区分类、标准分级、污染物项目、平均时间及浓度限值、监测方法、数据统计的有效性规定及实施与监督等内容。

6.2.2.2 《地面水环境质量标准》

《地面水环境质量标准》（GB 3838—2002）首次发布为1983年，1988年为第一次修订，2002年6月1日为第二次修订并实施。为贯彻执行《中华人民共和国环境保护法》和《中华人民共和国水污染防治法》，控制水污染，保护水资源，保障人体健康，维护生态平衡，制定本标准。本标准将标准项目划分为基本项目和特定项目。基本项目适用于全国江河、湖泊、运河、渠道、水库等具有使用功能的地表水水域，是满足规定使用功能和生态环境质量的基本水质要求。特定项目适用于特定地表水域特定污染物的控制，由县级以上人民政府环境保护行政主管部门根据本地环境管理的需要自行选择，作为基本项目的补充指标。

本标准项目共计75项，其中，基本项目31项，以控制湖泊水库富营养化为目的的特定项目4项，以控制地表水Ⅰ、Ⅱ、Ⅲ类水域有机化学物质为目的的特定项目40项。

本标准与《海水水质标准》均为水环境质量标准。与近海水域相连的地表水河口水域，按功能执行《地表水环境质量标准》的相应类别，近海功能区执行《海水水质标准》的相应类别。

各级环境保护行政主管部门应根据《地表水环境质量标准》对各类水域进行监督管理。对批准划定的单一渔业保护区、鱼虾产卵场水域按《渔业水质标准》进行管理。对城市污水、工业废水等直接用于农田灌溉用水的水质按《农田灌溉水质标准》进行管理。

6.2.2.3 《水污染物排放标准》

《水污染物排放标准》是为满足水环境标准的要求，对排污浓度、数量所规定的最高允许值。水污染物排放标准实行浓度控制与总量控制相结合的原则：中国《水污染防治法》规定，国家污染物排放标准由国务院环境保护部门根据国家水环境质量标准和国家经济、技术条件制定。各省（区）对不能达到质量标准的水体，可以制定严于国家污染物排放标准的地方污染物排放标准，并报国务院环境保护部门备案。

6.2.2.4 《土壤环境质量标准》

《土壤环境质量标准》由中华人民共和国环境保护部1995年1月颁布，1996年3月实施。土壤环境质量标准是土壤中污染物的最高容许含量。污染物在土壤中的残留积累，以不致造成作物的生育障碍、在籽粒或可食部分中的过量积累（不超过食品卫生标准）或影响土壤、水体等环境质量为界限。为贯彻《中华人民共和国环境保护法》，防止土壤污染，保护生态环境，保障农林生产，维护人体健康，制定本标准。本标准按土壤应用功能、保护目标和土壤主要性质，规定了土壤中污染物的最高允许浓度指标值及相应的监测方法。本标准适用于农田、蔬菜地、茶园、果园、牧场、林地、自然保护区等地的土壤。

《土壤环境质量标准》的主要内容包括：一　主题内容与适用范围，二　术语，三　土壤环境质量分类和标准分级，四　标准值，五　监测，六　标准的实施。

6.3 矿山环境保护的防治技术

矿产资源是国民经济和社会发展的重要物质基础。中国95%以上的能源、80%以上的工业原材料和70%以上的农业生产资料都来自于矿产资源。建国六十多年来，特别是改革开放以来，中国矿业发展迅速，为促进经济繁荣和社会进步做出了巨大贡献。但由于发展方式粗放，矿产资源在开发过程中也造成了严重的环境污染和生态破坏。据不完全统计，到2008年年底，全国因采矿活动占用、破坏的土地面积达332.5万公顷，其中，地面塌陷面积43.9万公顷；固体废弃物的累计积存量353.3亿吨；2008年矿山废水排放量48.9亿吨。

当前，中国已进入全面建设小康社会的新阶段，随着社会经济的快速发展，对矿产资源的需求量持续增长，矿山生态环境保护的压力也越来越大。按照科学发展的总体要求，必须坚持“在保护中开发，在开发中保护”的方针，完善制度，加强监管，推动治理，严格保护，努力将矿产资源开发利用对生态环境的影响降低到最低程度，促进矿产资源开发利用与矿山生态环境保护的协调发展。

6.3.1 矿产资源开发的原则

6.3.1.1 矿产资源开发的环保原则

矿产资源开发的环保原则主要是：

（1）矿产资源的开发应贯彻污染防治与生态环境保护并重，严格控制矿产资源开发对矿山环境的扰动和破坏，最大限度地减少或避免矿山开发引发的矿山环境问题，生态环境保护与生态环境建设并举，以及预防为主、防治结合、过程控制、综合治理的指导方针。

（2）矿产资源的开发应推行循环经济的“污染物减量、资源再利用和循环利用”的技术原则，具体包括：

1）发展绿色开采技术，实现矿区生态环境无损或受损最小。

2）发展干法或节水的工艺技术，减少水的使用量。

3）发展无废或少废的工艺技术，最大限度地减少废弃物的产生。

4）矿山废物按照先提取有价金属、组分或利用能源，再选择用于建材或其他用途，最后进行无害化处理处置的技术原则。

（3）禁止进行开发的区域包括：

1）禁止在依法划定的自然保护区（核心区、缓冲区）、风景名胜区、森林公园、饮用水水源保护区、重要湖泊周边、文物古迹所在地、地质遗迹保护区、基本农田保护区等区域内采矿。

2）禁止在铁路、国道、省道两侧的直观可视范围内进行露天开采。

3）禁止在地质灾害危险区开采矿产资源。

4）禁止土法采、选冶金矿和土法冶炼汞、砷、铅、锌、焦、硫、钒等矿产资源开发活动。

5）禁止新建对生态环境产生不可恢复利用的、产生破坏性影响的矿产资源开发项目。

6）禁止新建煤层硫含量大于3%的煤矿。

（4）限制进行开发的区域包括：

1）限制在生态功能保护区和自然保护区（过渡区）内开采矿产资源。生态功能保护区内的开采活动必须符合当地的环境功能区规划，并按规定进行控制性开采，开采活动不得影响本功能区内的主导生态功能。

2）限制在地质灾害易发区、水土流失严重区域等生态脆弱区内开采矿产资源。

6.3.1.2 矿产资源开发的环保要求

矿产资源开发的环保要求主要是：

（1）矿产资源开发应符合国家产业政策要求，选址、布局应符合所在地的区域发展规划。

（2）矿产资源开发企业应制定矿产资源综合开发规划，并应进行环境影响评价，规划内容包括资源开发利用、生态环境保护、地质灾害防治、水土保持、废弃地复垦等。

（3）在矿产资源的开发规划阶段，应对矿区内的生态环境进行充分调查，建立矿区的水文、地质、土壤和动植物等生态环境和人文环境基础状况数据库。同时，应对矿床开采可能产生的区域地质环境问题进行预测和评价。

（4）矿产资源开发规划阶段还应注重对矿山所在区域生态环境的保护。

6.3.1.3 矿产资源开发的技术要求

矿产资源开发的技术要求主要是：

（1）应优先选择废物产生量少、水重复利用率高、对矿区生态环境影响小的采、选矿生产工艺与技术。

（2）应考虑低污染、高附加值的产业链延伸建设，把资源优势转化为经济优势。提倡煤—电、煤—化工、煤—焦、煤—建材、铁矿石—铁精矿—球团矿等低污染、高附加值的产业链延伸建设。

（3）矿井水、选矿水和矿山其他外排水应统筹规划、分类管理、综合利用。

（4）选矿厂设计时，应考虑最大限度地提高矿产资源的回收利用率，并同时考虑共、伴生资源的综合利用。

（5）地面运输系统设计时，宜考虑采用封闭运输通道运输矿物和固体废物。

6.3.2 矿山环境保护的方针政策

矿山企业要从促进经济社会和环境协调发展的战略高度，坚持“预防为主，防治结合”的原则，坚持“在开发中保护，在保护中开发”的原则，坚持“边生产，边治理”的原则，坚持“依靠科技进步，发展循环经济，建设绿色矿业”的原则，做好矿山环境保护工作。

矿山环境保护与综合治理的地域范围不仅限于矿山开采区，还应包括受矿业活动影响的地区。尤其是地下开采的大型矿山，即使地面未被矿山开采所占用，但受矿山开采影响已经产生的环境问题，也应列入矿山环境保护与综合治理的范围。

应从矿产资源开发利用的全过程加强矿山生态环境的监管。按照“预防为主”的方针，对新建矿山严格执行环境影响评价和“三同时”制度，从源头防止矿山环境污染和生态破坏；对投产矿山实行“过程控制”，加强其生产过程中的生态环境监察及监测，并落实矿山生态环境恢复治理保证金制度，督促企业加强污染防治和生态恢复；对关闭矿山要做好闭坑后矿山生态环境修复治理工作。

加强矿山生态环境保护的科学研究，着重研究矿产资源开发过程中引起的生态环境变化及防治技术，引进先进生产技术、方法与设备，提高资源利用效率，减少矿山废弃物的排放量；加强矿业“三废”的处理和废弃物回收与综合利用的研究，采用先进的采、选技术和加工利用技术；鼓励矿山废弃物资源化利用研究与开发，建立多元化的矿产资源可持续供应体系；鼓励新技术、新工艺的开发与推广，增加科技投入，促进资源综合利用和生态环境保护产业化。

新建、扩建的矿山，其矿山环境保护与综合治理方案的内容和深度应与矿山建设的主体工程所处的阶段要求相适应，同时，矿山开发规划、开发设计、矿山基建、采矿选矿技术、废弃地复垦等开发环节应符合《矿山生态环境保护与污染防治技术政策》的要求。

新建和已投产生产的矿山企业必须就矿区土地、植被资源占用和破坏问题（土地利用现状改变、地貌景观破坏、水土流失、土地沙化、盐碱化、土壤污染），矿区水均衡破坏、水污染问题（地下水水位下降、水资源枯竭、地下水和地表水污染），矿山地质灾害（崩塌、滑坡、泥石流、地面开采沉陷、地面岩溶塌陷、地面沉降、地裂缝以及边坡稳定性），做好评估、治理工作。

6.3.3 矿山环境保护的总体要求

对于矿山企业环境影响要进行评估，设计环境保护措施，学习和引进矿山环境保护的先进技术和经验，提高矿山环境保护水平，对具有重要价值的地质遗迹和人文古迹，应采取有效措施予以保护。

具体环境保护要求有：

（1）对采矿活动所产生的固体废物，应使用专用场所堆放，并采取有效措施防止二次环境污染及诱发次生地质灾害。

（2）应根据采矿固体废弃物的性质、储存场所的工程地质情况，采用完善的防渗、集排水措施，防止淋溶水污染地表水和地下水。

（3）宜采用水覆盖法、湿地法、碱性物料回填等方法，预防和降低废石场的酸性废水污染。

（4）采取有效措施提高废弃物的综合利用率。

（5）采取地下帷幕注浆隔水、地表防渗或污水处理等措施避免或减轻对水资源、水环境的破坏。

（6）采取工程措施和生物措施控制或避免矿山地质灾害的发生、发展。

6.3.3.1 新建矿山的要求

新建矿山的要求主要是：

（1）遵循“以人为本”的原则，切实做到矿山生产区和生活区分离、城区和矿区分离，确保人居环境的安全，提高人居环境的质量。

（2）选择合理的开采工艺和方法，最大限度地减少或避免矿山环境问题的发生。

（3）要对废弃物（排）放、堆存造成的矿山环境问题制订预防性环境保护措施。

（4）明确所执行的环境质量标准和污染物排放标准。

（5）制定矿山环境问题监测方案，实施对矿山环境问题的动态监测。

6.3.3.2 已生产矿山的要求

已生产矿山的要求主要是：

（1）根据矿山生产实际情况，采取边开采、边治理的方式，及时开展矿山环境恢复治理工作。

（2）对于露天开采的矿山，宜采取内排和剥离—排土—造地—复垦一体化技术。

（3）严禁采用渗井、废坑、废矿井或用净水稀释等手段存、排放有毒和有害的废水。

（4）对存放含有有毒、有害物质的废水、废液的淋浸池、储存池、沉淀池必须制定防水、防渗漏、防流失等措施。

(5) 矿石、废渣土的堆放要有序、合理，要明确边坡稳定角，必要时应采取加固措施。

(6) 露天矿山开采应根据地层条件，选择合理的坡角范围，以避免崩塌、滑坡、地裂缝的发生。

(7) 对地下开采的固体矿山，应提出预留矿柱、矿墙或采用充填开采法将固体废渣及时回填。

(8) 地下液体矿产开采，应确定允许开采量，或加大回灌量。

6.3.3.3 拟闭坑矿山的要求

拟闭坑矿山的要求主要是：

(1) 对矿产开发过程中的坑、井、巷道等闭坑后必须预先做出封闭或者填实方案，切实预防遗留问题的发生。

(2) 对存在滞后隐患的矿山环境问题，应设计跟踪监测方案，根据监测资料分析预测其变化趋势，及时采取防治措施。

6.3.4 矿山环境保护的技术要求

6.3.4.1 采矿环保技术要求

A 鼓励采用的采矿技术

鼓励采用的采矿技术主要有：

(1) 对于露天开采的矿山，宜推广剥离—排土—造地—复垦一体化技术。

(2) 对于水力开采的矿山，宜推广水重复利用率高的开采技术。

(3) 推广应用充填采矿工艺技术，提倡废石不出井，利用尾砂、废石充填采空区。

(4) 推广减轻地表沉陷的开采技术，如条带开采、分层间隙开采等技术。

(5) 对于有色、稀土等矿山，宜研究推广溶浸采矿工艺技术，发展集采、选、冶于一体，直接从矿床中获取金属的工艺技术。

(6) 加大煤炭地下气化与开采技术的研究力度，推广煤层气开发技术，提高煤层气的开发利用水平。

(7) 在不能对基础设施、道路、河流、湖泊、林木等进行拆迁或异地补偿的情况下，在矿山开采中应保留安全矿柱，确保地面塌陷在允许范围内。

B 矿坑水的综合利用和废水、废气的处理技术

矿坑水的综合利用和废水、废气的处理技术主要有：

(1) 鼓励将矿坑水优先利用为生产用水，作为辅助水源加以利用。在干旱缺水地区，

鼓励将外排矿坑水用于农林灌溉，其水质应达到相应标准要求。

（2）宜采取修筑排水沟和引流渠、预先截堵水、防渗漏处理等措施，防止或减少各种水源进入露天采场和地下井巷。

（3）宜采取灌浆等工程措施，避免和减少采矿活动破坏地下水均衡系统。

（4）研究推广酸性矿坑废水、高矿化度矿坑废水和含氟、锰等特殊污染物矿坑水的高效处理工艺与技术。

（5）积极推广煤矿瓦斯抽放回收利用技术，将其用于发电、制造炭黑、民用燃料、制造化工产品等。

（6）宜采用安装除尘装置、湿式作业、个体防护等措施，防治凿岩、铲装、运输等采矿作业中的粉尘污染。

C 固体废物储存和综合利用技术

固体废物储存和综合利用技术主要是：

（1）对采矿活动所产生的固体废物，应使用专用场所堆放，并采取有效措施防止二次环境污染及诱发次生地质灾害。具体包括：

1）应根据采矿固体废物的性质、储存场所的工程地质情况，采用完善的防渗、集排水措施，防止淋溶水污染地表水和地下水。

2）宜采用水覆盖法、湿地法、碱性物料回填等方法，预防和降低废石场的酸性废水污染。

3）煤矸石堆存时，宜采取分层压实、黏土覆盖、快速建立植被等措施，防止矸石山氧化自燃。

（2）大力推广采矿固体废物的综合利用技术。主要是：

1）推广表外矿和废石中有价元素和矿物的回收技术，如采用生物浸出—溶剂萃取—电积技术回收废石中的铜等。

2）推广利用采矿固体废物加工生产建筑材料及制品技术，如生产铺路材料、制砖等。

3）推广煤矸石的综合利用技术，如利用煤矸石发电、生产水泥和肥料、制砖等。

6.3.4.2 选矿环保技术要求

A 鼓励采用的选矿技术

鼓励采用的选矿技术主要有：

（1）开发推广高效无（低）毒的浮选新药剂产品。

（2）在干旱缺水地区，宜推广干选工艺或节水型选矿工艺，如煤炭干选、大块干选抛尾等工艺技术。

（3）推广高效脱硫降灰技术，有效去除和降低煤炭中的硫分和灰分。

（4）采用先进的洗选技术和设备，推广洁净煤技术，逐步降低直接销售、使用原煤的比率。

(5) 积极研究推广共、伴生矿产资源中有价元素的分离回收技术，为共、伴生矿产资源的深加工创造条件。

B 选矿废水、废气的处理技术

选矿废水、废气的处理技术主要有：

(1) 选矿废水（含尾矿库溢流水）应循环利用，力求实现闭路循环。未循环利用的部分应进行收集，处理达标后排放。

(2) 研究推广含氰、含重金属选矿废水的高效处理工艺与技术。

(3) 宜采用尘源密闭、局部抽风、安装除尘装置等措施，防治破碎、筛分等选矿作业中的粉尘污染。

C 尾矿的储存和综合利用技术

尾矿的储存和综合利用技术主要是：

(1) 应建造专用的尾矿库，并采取措施防止尾矿库的二次环境污染及诱发次生地质灾害。具体包括：

1) 采用防渗、集排水措施，防止尾矿库溢流水污染地表水和地下水。

2) 尾矿库坝面、坝坡应采取种植植物和覆盖等措施，防止扬尘、滑坡和水土流失。

(2) 推广选矿固体废物的综合利用技术。主要是：

1) 尾矿再选和共伴生矿物及有价元素的回收技术。

2) 利用尾矿加工生产建筑材料及制品技术，如作水泥添加剂、尾矿制砖等。

3) 推广利用尾矿、废石作充填料，充填采空区或塌陷地的工艺技术。

4) 利用选煤煤泥开发生物有机肥料技术。

6.3.4.3 废弃土地复垦技术

废弃土地复垦技术主要包括：

(1) 矿山开采企业应将废弃地复垦纳入矿山日常生产与管理，提倡采用采（选）矿—排土（尾）—造地—复垦一体化技术。

(2) 矿山废弃地复垦应做可垦性试验，采取最合理的方式进行废弃地复垦。对于存在污染的矿山废弃地，不宜复垦作为农牧业生产用地；对于可开发为农牧业用地的矿山废弃地，应对其进行全面的监测与评估。

(3) 矿山生产过程中应采取种植植物和覆盖等复垦措施，对露天坑、废石场、尾矿库、矸石山等永久性坡面进行稳定化处理，防止水土流失和滑坡。废石场、尾矿库、矸石山等固体废物堆场服务期满后，应及时封场和复垦，防止水土流失及风蚀扬尘等。

(4) 鼓励推广采用覆岩离层注浆，利用尾矿、废石充填采空区等技术，减轻采空区上覆岩层塌陷。

（5）采用生物工程进行废弃地复垦时，宜对土壤重构、地形、景观进行优化设计，对物种选择、配置及种植方式进行优化。

6.3.5 矿山生态环境的治理

6.3.5.1 矿区泥石流的治理

矿区泥石流的治理主要包括：

（1）矿区泥石流是老矿区比较多发的一种地质灾害。它的物源是人为采矿活动制造的矿渣、山皮土、尾矿泥（沙）等未能科学有序存放所致。防治矿区泥石流灾害主要应从两方面着手：一是消除或固化泥石流物源；二是消除泥石流的激发条件——水源条件。

（2）新建矿山要事先设计出废渣弃土的安全存放地带，修建规范的尾矿泥（沙）库，杜绝泥石流物源的乱堆滥放。

（3）已有废渣弃土的生产矿山，应采取相应的工程措施。例如，将杂乱分布在坡岗上的泥石流物源填入沟谷中，造田复垦；在大量泥石流物源存在的沟谷下端修筑拦砂坝。

（4）疏浚矿区排水系统，使暴雨洪流避开废渣弃土地段；非经过物源地段不可时，应修筑排洪明渠，设计流量应能承受百年一遇的洪流，并同时做好护坡，控制水土流失。

6.3.5.2 矿区山体滑坡的治理

矿区山体滑坡的治理主要包括：

（1）矿区滑坡灾害防治措施要根据成因确定。矿区山体滑坡可划分为：采矿诱发型滑坡和降雨采动复合型滑坡。治理措施有：优化采矿方案；降低坡高、坡角；抗滑桩、锚索（杆）等加固；在主滑段削方减载；在有效部位建设阻挡工程；设计相应的排水、防水工程。

（2）根据滑坡的危险程度和防治目标（安全标准）、滑坡规模，进一步确定工程强度和工程量，设计锚固工程、抗滑桩、排水系统、抗滑挡墙、截水沟等。

（3）在滑坡防治工程方案中，应注意避免施工中的扰动作用，例如抗滑挡墙施工中的通槽开挖。

（4）抗滑挡墙一般采用混凝土结构治理中、小型滑坡。

（5）抗滑桩一定要保证桩身有足够的强度和锚固深度，桩高和桩间距要根据滑坡体的规模、滑动层的厚度设计。抗滑桩施工方法主要有打入法、钻孔法、挖孔法3种。

（6）基岩完整、具有软弱结构面的滑坡，宜采用锚固方式进行治理。

（7）设计锚固方法应根据滑坡体的规模、岩性、危险程度、发展阶段据实测算选择。

6.3.5.3 矿区开采沉陷的治理

矿区开采沉陷的治理主要包括：

（1）开采沉陷灾害的治理，要统筹考虑开采沉陷与地裂缝的内在关系。要防治结合，综合整治。

（2）地下坑道已废弃的采空区出现地面沉降、地裂缝时，应采取地下回填废渣，减缓地面沉降速度；为制止地面塌陷形成，可通过地面裂缝灌注尾矿砂浆（或水泥砂浆），加快充填废渣的固化。

（3）地下坑道尚在使用阶段，地面出现地裂缝或沉降迹象时，应果断对地裂缝发育地段采取灌浆、密实等措施，应在地下坑道采取防塌措施。

（4）地下坑道已废弃，地表形成塌陷但规模不大时，则应采取由地面自外向内将废渣填入下部，中上部用细粒尾矿充填，为覆绿打好基础。

（5）地下坑道已废弃，地面塌陷规模巨大、难以治理的特殊地段，可圈定为矿山地质灾害监测研究特区。方案中要在确保安全的前提下，划定出禁入区、监测区，修建防灾栅栏和观测道路。

6.3.5.4 矿区岩溶塌陷的治理

矿区岩溶塌陷的治理主要包括：

（1）制定岩溶塌陷治理方案前，必须查明岩溶塌陷的成因以及与地下采矿坑道排水活动之间的关联。

（2）应采用地球物理探测方法（电法、声纳法等）探明岩溶塌陷的范围、规模、地下形态、深度。

（3）岩溶塌陷区地下无采矿设施（巷道、斜井等），塌陷区非农田且有良好的蓄水条件时，可以发展蓄水养殖或储水用于农业灌溉。

（4）塌陷区原为可耕地，宜回填造地，重建植被体系。

（5）岩溶塌陷区有巷道等地下采矿设施，应按有关规定采取防护工程措施，进行专项设计治理。

（6）岩溶塌陷治理应充分考虑矿坑供水、排水和环境保护相结合，采取相应措施，从源头上控制塌陷的发展，合理利用水资源，改善矿区环境。

6.3.5.5 矿区危、损尾矿库（坝）的治理

矿区危、损尾矿库（坝）的治理主要包括：

（1）矿山企业需按国家有关矿山设计规范，根据其生产规模，设计与之匹配的尾矿库（坝）及配套建筑设施，并在试生产阶段即建成投入使用。对于矿山开采技术方案中缺少尾矿库（坝）建设方案的采选企业，限期补做。

（2）对于出现潜在隐患和明显破损缺陷的尾矿库（坝），应根据不同情况有针对性地采取补救措施：

1）尾矿库容接近极限，应新建尾矿库或扩容，并采取措施对原尾矿库进行抑尘、覆土和恢复植被。

2）坝体基础渗漏，需及时采取桩基础或灌浆等工程措施抢救危坝。

3）坝体护坡易垮塌，可以适度削坡，重新砌护。

4）疏通或修建沿坝排水沟，播植灌草保护带，防止漏水引发滑坡和水土流失。

6.3.5.6 矿区固体废弃物堆放场的治理

矿区固体废弃物堆放场的治理主要包括：

（1）采矿剥离废石、废矿渣无序堆放形成的各类松散物质构成的不稳定边坡治理措施有：

1）降低坡高、坡角（坡角要小于30°）；

2）边坡加固、衬砌护坡；

3）在有效部位建设阻挡工程；

4）设计相应的排水、防水工程。

（2）废石、废矿渣堆积台面整治，可根据废渣的类型及块（粒）度，将粗粒或大块的铺垫在下部，碾压密实，逐层向上回填。

（3）将含不良成分的岩土堆放在深部，品质适宜的土层包括易风化性岩层安排在上部，富含养分的土层宜安排在排土场顶部或表层。

（4）整治好的平台和边坡应覆盖土层，充分利用工程前收集的表土覆盖于表层。在无适宜表土覆盖时，用不致造成污染的其他物料覆盖。覆盖土层厚度应根据场地用途确定。

（5）煤矸石堆治理应采取分层压实、黏土覆盖、快速建立植被等措施，防止矸石山氧化自燃。

（6）在采矿剥离物含有毒有害或放射性成分时，必须用碎石深度覆盖，不得出露于边坡处，并应有防渗措施，然后再覆盖土壤。

6.3.5.7 矿区水均衡破坏、水污染的治理

矿区水均衡破坏、水污染的治理主要包括：

（1）论证矿产资源开发对地下水资源的影响。

（2）矿坑排水、选矿废水、生活废水排放可能造成污染的，需建立污水处理工程。

（3）污水处理工程要根据矿区内的排污量，结合周围社区污水处理能力，通盘考虑。

（4）污水处理工程的选址、规模、工艺技术应参照有关工程设计、施工规范执行。

（5）采取修筑排水沟、引流渠、防渗漏处理等措施，防止或减少地下水污染。

（6）受污染的地下水可以采用“抽污补净”的方式，在下游抽出被污染的地下水，而在上游回灌干净的地表水。

（7）采取灌浆等工程措施，避免和减少采矿活动破坏地下水均衡系统。

（8）矿区内的工业垃圾、生活垃圾的处理，应参照《城市生活垃圾焚烧处理工程项目建设标准》和《城市生活垃圾卫生填埋技术规范》，并结合矿区实际情况进行处理，防止造成二次污染。

6.3.5.8 露天矿不稳定边坡的治理

露天矿不稳定边坡的治理主要包括：

（1）不稳定边坡治理包括矿山范围内天然不稳定原生边坡治理、残山不稳定基岩边坡治理。

（2）原生的岩土性状松散，边坡陡直，大于安全稳定坡角时，应采取削坡措施，使边坡达到稳定状态。具体坡角选取：一般应采用当地同一岩性边坡稳定坡角的经验值或现场实测值。

（3）构造破碎造成的岩层边坡失稳，首先采取避让措施，撤离危险区的一切设施、人员，划定标示出危险范围，严禁进入；其次，采取人为爆破措施，清除危岩，消除隐患。

（4）边坡加固，具体方法是：

1）用非爆破法清除表面松动浮石，对软弱岩体或高度破碎的裂隙岩体进行表面支护。

2）对造成边坡变形增大的张开型岩石裂隙和软弱层面，可采用注浆加固。

3）对于地质条件易造成滑坡或小范围岩层滑动的岩体，需采用抗滑桩、挡石坝方法治理。

4）对深部（10～100m）开裂、体积较大的危岩，宜采用深孔预应力锚索、长锚杆进行加固。

5）对于岩质较软、岩石风化严重、易造成小范围塌方的边坡，削坡后低处宜用挡土墙支挡，高处可采用框格式拱墙护坡。

（5）边坡高度超过20m时应设置3m左右的宽平台，形成台阶形，沿台阶应设横向排水沟。

（6）梯级边坡中的台面应微向内倾，以起蓄水防边坡冲刷作用。

（7）边坡工程应结合工程地质、水文地质条件及降雨条件，制定地表排水、地下排水或两者相结合的方案。

（8）为减少地表水渗入边坡坡体内，应在边坡潜在崩滑区边界以外的稳定斜坡面上设置截水排水沟，边坡表面应设地表排水系统。

（9）边坡工程应设泄水孔。

（10）矿区天然边坡应因地制宜进行适当改造，在改造中应珍惜已有植被，采用鱼鳞坑的栽种方式，如石质山坡，应采取补土、换土措施，以确保植树成活率。

6.3.5.9 矿区土地复垦

矿区土地复垦主要包括：

（1）矿区土地复垦程序包括工程整治和生物复垦两个阶段。

（2）根据周围环境和矿区土地的自身条件，复垦土地利用方向可以选择复垦成农地、林地、居住地和工业用地、养鱼场和娱乐用地等。

（3）根据采矿后形成废弃地、占用破坏地的地形、地貌现状，按照规划的新复垦地利用方向的要求，并结合采矿工程特点，工程复垦技术主要是对破坏土地进行顺序回填、平整、覆土及综合整治，其核心是造地。常用的工程复垦技术有就地整平复垦、梯田式整平复垦、挖深垫浅式复垦和充填法复垦技术等。

(4) 生物复垦技术，包括快速土壤改良、植被恢复、生态工程、耕地工艺、农作物和树种选择等。

(5) 土壤改良。矿区土壤培肥要通过采取各种培肥措施，加速复垦地的生土熟化。地表有土型的土壤培肥，主要是通过施有机肥、无机肥和种植绿色植物等措施，实现土壤培肥；地表无土型培肥，一般用易风化的泥岩和砂岩混合的碎砾作为土体，调整其比例，在空气中进行物理和化学风化，同时种植一些特殊的耐性植物进行生物风化，以达到土壤熟化的目的。微生物培肥技术，是利用微生物和化学药剂或微生物和有机物的混合剂，对贫瘠土地进行熟化和改良，恢复其土壤肥力。

6.3.5.10 植被重建

A 植被选择

植被重建应遵循“因地制宜，因矿而异”的原则，在树种、草皮的种属选择、工艺的采选上要与矿区所处的地理位置、气候条件、土石环境相匹配，以确保植被重建的成效。广泛进行适宜的植被品种资源调查，选择可行性好的品种，在实验室进行抗逆性能筛选；选出的植物品种应有较强的固氮能力、根系发达、生产快、产量高、适应性强、抗逆性好、耐贫瘠等。在三北干旱寒冷地区选择乔、灌、草的种属时，应尽量选取耐旱、耐寒、抗病虫害性能强，易于成活的品种；南方则应选择喜湿、耐热、生命力强的种属。并要兼顾经济效益，具体树种应参照当地林业部门的有关规范优选。选择草类、灌木、乔木种属时，尽量兼顾经济、环境、社会综合效益。优选已被实践证明的易养、易管、易活的种属。

B 边坡覆绿

岩石边坡可采用挂网客土喷播和草包技术，土质边坡可采用直接播种或植生带、植生垫、植生席等技术，土石混合边坡可采用草棒技术、普通喷播或穴栽灌木等技术。

C 平地覆绿

平地覆绿的方法有：

(1) 直接种植灌草，在保持覆盖土层不小于30mm的地面上，直接种植灌木和草本植物种子，形成与周边生态相适应的草地。

(2) 直接植树造林，在保持覆盖土层不小于50mm的地面上，根据实际状况和规划要求直接种植经济林、生态林或风景林。

D 覆绿技术

覆绿技术包括：

(1) 直接种植灌草，即在有一定厚度土层的坡面上直接种植灌木和草本植物种子。

（2）穴植灌木、藤本。结合工程措施沿边坡等高线挖种植穴（槽），利用常绿灌木的生物学特点和藤本植物上爬下挂的特点，按照设计的栽培方式在穴（槽）内栽植。

（3）普通喷播。坡面平整后，将种子、肥料、基质、保水剂和水等按一定比例混合成泥浆状喷射到边坡上。

（4）挂网客土喷播。利用客土掺混黏结剂和固网技术，使客土物料紧贴岩质坡面，并通过有机物料的调配，使土壤固相、液相、气相趋于平衡，创造草类与灌木能够生存的生态环境，以恢复石质坡面的生态功能。该技术适用于花岗岩、砂岩、砂页岩、片麻岩、千枚岩、石灰岩等母岩类型所形成的不同坡度硬质石坡面。

E 养护管理

养护管理包括：

（1）后期养护管理包括喷水养护、追施肥料、病虫害防治、防除有害草种与培土补植。

（2）植被的喷灌。可根据植物需水情况，直接喷灌；或在坡顶修筑蓄水池，汇集雨水，并用动力设备从坡脚输送补充水，利用坡顶水池自流，采用喷头方式进行喷灌。

（3）对坡度大、土壤易受冲刷的坡面，暴雨后要认真检查，尽快恢复原来平整的坡面。部分植物死亡，应及时补植。补植的苗木或草皮，要在高度（为栽植后高度）、粗度或株丛数等方面与周围正常生长的植株一致，以保证绿化的整齐性。

6.4 矿山环境保护的监督

6.4.1 编制矿山环境保护与综合治理方案的程序

编制矿山环境保护与综合治理方案的程序是：

（1）接受编制方案委托；

（2）全面收集资料及现场踏勘；

（3）矿山环境调查；

（4）矿山环境影响评估；

（5）编制矿山环境保护与综合治理方案；

（6）提交专家审查。

6.4.2 矿山环境调查

6.4.2.1 基础资料收集与调查

矿山环境调查应收集、调查如下资料：

（1）矿山位置和范围。

（2）自然状况，包括地形、气象、水文、植被、土壤等。

（3）矿山概况，包括矿山企业名称、性质、总投资、矿山建设规模及工程布局；设计生产能力、设计生产服务年限、实际生产能力；矿产资源及储量、矿床类型与赋存特征；开采历史、现状、生产服务年限、开采方式、采选工艺；尾矿及废弃物处置情况等。

（4）地质背景，包括地层、岩性、地质构造、水文地质、工程地质等。

6.4.2.2 矿山环境问题调查

矿山环境调查应该查明以下矿山环境问题的规模、分布及危害：

（1）矿区土地、植被资源的占用和破坏，包括土地利用现状改变、地貌景观破坏、水土流失、土地沙化、盐碱化、土壤污染等。主要有露天采场、工业广场、采矿废弃物、尾矿库、生活设施建设等占用和破坏土地、植被资源；矿山地质灾害造成的土地、植被和地貌景观破坏；废液排放、堆积物淋滤液污染土壤及水土流失。

（2）矿区地下水均衡破坏、水污染问题，包括地下水水位下降、水资源枯竭、地下水及地表水污染等，还包括矿井突水、矿井排水形成的地下水降落漏斗以及采动后上覆岩层破碎、断裂、沉降导致各含水层贯通，造成地下水均衡改变；废液废渣排放、堆积物淋滤液造成地下水、地表水污染，破坏水环境 。

（3）矿山地质灾害，包括井工开采、露天开采、矿坑疏干排水引发的崩塌、滑坡、地面塌陷（开采沉陷、岩溶塌陷）、地裂缝、不稳定边坡等；固体废弃物堆积引起的崩塌、泥（渣）石流、不稳定边坡等；尾矿库溃坝、尾矿坝开裂等。

除以上环境问题，还应调查不同矿山涉及的其他环境问题。常用矿山环境现状调查表见表6-1。

6.4.3 矿山环境影响评估

6.4.3.1 评估工作的任务

评估工作的任务是：

（1）分析评估区的地质环境背景。

（2）对评估区矿业活动引发的环境问题及其影响作出现状评估。

（3）对矿业活动可能引发或加剧的环境问题及其影响作出预测评估。

（4）对矿山建设及矿业活动的环境影响作出综合评估。

6.4.3.2 评估内容

评估内容包括：

（1）矿业活动引发的地表水漏失、区域地下水均衡破坏、水质污染等水资源、水环境的变化及其影响程度。

（2）矿业活动引起的土地沙化、岩土污染、水土流失等对土地、植被资源的影响与破坏。

表 6-1 矿山环境现状调查表

矿山基本概况	矿山企业名称			通讯地址	市（州） 县 镇（乡） 村		邮政编码		法人代表	
	电话		传真	坐标	经度：	纬度：	矿类		矿种	
	企业规模		设计生产能力/万吨·年$^{-1}$		采空区面积/m^2					
	经济类型									
	矿山面积/m^2		实际生产能力		开采层位			开采深度		
	建矿时间		生产现状		选矿方法					
			采矿方式		服务年限					

矿业开发占用破坏土地情况	露采场		固体废料场		尾矿库		地面塌陷		总计	已治理面积
	数量/个	面积/m^2	数量/个	面积/m^2	数量/个	面积/m^2	数量/个	面积/m^2	面积/m^2	

矿业开发占用破坏土地情况	占用土地情况/m^2			占用土地情况/m^2			占用土地情况/m^2			破坏土地情况/m^2				
	耕地	基本农田		耕地	基本农田		耕地	基本农田		耕地	基本农田			
		其他耕地			其他耕地			其他耕地			其他耕地			
		小　计			小　计			小　计			小　计			
	林　地			林　地			林　地			林　地				
	其他土地			其他土地			其他土地			其他土地				
	合计/m^2			合计/m^2			合计/m^2			合计/m^2				

矿山固体废弃物排放	类　型	年排放量 10^4m^3	年综合利用量 10^4m^3	累计积存量 10^4m^3	主要有害物质
	尾矿（砂）				
	废石（砂）				
	煤矸石				
	粉煤灰				
	合　计				

续表 6-1

矿业开发造成的水土污染及水土流失情况	污染土壤				水土流失	
	污染土地类型	主要污染物	污染程度	污染面积/m^2	水土流失面积/m^2	土壤流失量/$t \cdot a^{-1}$

矿业开发对水环境影响	地表水漏失情况		
	地表水漏失影响范围/m^2	地表水漏失的程度及主要影响对象	
	地表水污染情况		
	主要污染物	污染对象	污染面积/m^2
	地下水资源的影响		
	地下水位最大下降程度/m	主要影响对象	

矿业开发引起的崩塌、滑坡、泥石流等发生情况	种类	发生时间	发生地点	规模	影响范围/m^2	体积/m^3	危害					发生原因	防治工作情况	治理面积/m^2
							死亡人数/人	受伤人数/人	破坏房屋/间	毁坏土地/m^2	直接经济损失/万元			

矿业活动引起的地面塌陷发生情况	发生时间	发生地点	规模	塌陷坑/个	影响范围/m^2	最大长度/m	最大深度/m	危害					发生原因	防治工作情况	治理面积/m^2
								死亡人数/人	受伤人数/人	破坏房屋/间	毁坏土地/m^2	直接经济损失/万元			

矿业活动引起的地裂缝发生情况	发生时间	发生地点	数量/个	最大长度/m	最大宽度/m	最大深度/m	走向	危害					发生原因	防治工作情况	治理面积/m^2
								死亡人数/人	受伤人数/人	破坏房屋/间	毁坏土地/m^2	直接经济损失/万元			

矿山企业（盖章）：　　填表单位（盖章）：　　填表人：　　填表日期：　年　月　日

（3）矿业活动引发的地面塌陷、地裂缝、崩塌、滑坡、泥石（渣）流等地质灾害及其危害程度。

（4）矿业活动对重要工程设施、房屋、厂矿、各类保护区和自然景观等造成的危害和影响程度。

6.4.3.3 评估工作级别确定

评价矿山建设及生产活动可能引发的环境问题、地质灾害对矿山环境的影响破坏程度；进行地质灾害危险性评估，论证矿山环境对矿山建设及生产活动的适宜程度。矿山环境影响评估的地域范围，不仅限于矿山开采区，还应包括受采矿活动影响的地区。生产矿山、改（扩）建矿山以矿山环境现状和预测评估为主，新建矿山以矿山环境预测评估为主。

（1）矿山环境影响评估精度应根据评估区重要程度、矿山地质环境条件复杂程度、矿山生产建设规模等综合确定，评估级别分为三级，矿山环境影响评估精度分级见表6-2。

表6-2 矿山环境影响评估精度分级表

评估区重要程度	矿山建设规模	地质环境条件复杂程度		
		复 杂	中 等	简 单
重要区	大 型	一 级	一 级	一 级
	中 型	一 级	一 级	二 级
	小 型	一 级	一 级	二 级
较重要区	大 型	一 级	一 级	二 级
	中 型	一 级	二 级	二 级
	小 型	二 级	二 级	三 级
一般区	大 型	一 级	二 级	二 级
	中 型	二 级	二 级	三 级
	小 型	二 级	三 级	三 级

（2）评估区重要程度应根据区内居民集中居住情况、重要工程设施和自然保护区分布情况、耕地面积等确定，划分为重要区、较重要区和一般区三级。评估区重要程度的确定因素及指标见表6-3。

表6-3 评估区重要程度分级表

重要区	较重要区	一般区
评估区内分布有集镇或大于500人以上的居民集中居住区	评估区内分布有200～500人的居民集中居住区	评估区内居民居住分散，居民集中居住区人口在200人以下
分布有国道、高速公路、铁路、中型以上水利、电力工程或其他重要建筑设施	分布有省道、高等级公路、小型水利、电力工程或其他较重要建筑设施	无重要交通要道或建筑设施
矿区紧邻（300m以内）国家级自然保护区（含地质公园、风景名胜区等）或重要旅游景区（点）	紧邻（300m以内）省级、县级自然保护区或较重要旅游景区（点）	远离（300m以外）各级自然保护区及旅游景区（点）
有重要水源地	有较重要水源地	无重要、较重要水源地
耕地面积占矿山面积的比例大于50%	耕地面积占矿山面积的比例为30%～50%	耕地面积占矿山面积的比例小于30%

注：评估区重要程度分级采取按上一级别优先的原则确定，只要有一条符合者即为该级别。

（3）矿山地质环境条件复杂程度应分别按井工开采和露天开采归类，应根据区内水文地质、工程地质、环境地质和矿山地形地貌、开采情况等划分为复杂、中等、简单三级，矿山地质环境复杂程度分级见表6-4和表6-5。井下开采矿山地质环境条件复杂程度分级表见表6-4，露天开采矿山地质环境条件复杂程度分级表见表6-5。

表6-4 井下开采矿山地质环境条件复杂程度分级表

复 杂	中 等	简 单
水文地质条件复杂：矿坑进水边界条件复杂，充水岩层岩溶发育强烈，为岩溶充水矿床；最大涌水量不小于800m^3/h，地下疏干排水导致地面塌陷的可能性大；老窿（窑）水威胁大；地表水体多，地表水与地下水联系密切，对矿坑充水影响大	水文地质条件复杂：矿坑进水边界条件复杂，充水岩层岩溶较发育，为弱岩溶裂隙充水或含水丰富的裂隙充水矿床；最大涌水量为200～800m^3/h，地下疏干排水导致地面塌陷等；老窿水威胁较大；地表水体较多，地表水与地下水有一定联系，对矿坑充水有影响	水文地质条件简单：矿坑进水边界条件简单，充水岩层岩溶不发育，为弱裂隙充水矿床；最大涌水量小于200m^3/h，地下疏干排水导致地面塌陷的可能性小；老窿水威胁小；地表水体较少，地表水与地下水联系不密切，对矿坑充水影响小
废石、废渣、废水有害成分多，含量高，易分解，排放不稳定，极易污染水土环境	废石、废渣、废水有害成分较多，含量较高，废石、废渣堆较稳定，较易污染水土环境	废石、废渣、废水有害成分少，含量低，废石、废渣堆稳定，不易污染水土环境
采空区面积和空间大	采空区面积和空间较大	采空区面积和空间小
现状条件下矿山地质环境问题多，危害大	现状条件下矿山地质环境问题较多，危害较大	现状条件下矿山地质环境问题少，危害小
地质构造复杂，断裂构造发育强烈，断裂带切割矿层（体）严重，导水性强	地质构造较复杂，断裂构造较发育，断裂带对矿坑充水和采矿有影响	地质构造简单，断裂构造不发育，断裂带对矿坑充水和采矿基本无影响
工程地质条件复杂，岩土体工程地质条件不良，可溶岩类发育，地表残坡积层不小于10m，矿层（体）顶、底板工程地质条件差	工程地质条件较复杂，岩土体工程地质条件一般，可溶岩类较少，地表残坡积层为5～10m，矿层顶、底板工程地质条件较差	工程地质条件简单，岩土体工程地质条件好，可溶岩类不发育，地表残坡积层小于5m，矿层顶、底板条件好
地形复杂，地貌单元类型多，地形坡度一般大于35°，地面倾向与岩层倾向基本一致	地形较复杂，地貌单元类型较少，地形坡度一般为20°～35°，地面倾向与岩层倾向多为斜交	地形简单，地貌单元类型单一，地形坡度一般大于20°，地面倾向与岩层倾向多为反向

表6-5 露天开采矿山地质环境条件复杂程度分级表

复 杂	中 等	简 单
水文地质条件复杂。采场位于当地侵蚀基准面以下，不能自然排水，采场最大涌水量大于800m^3/h；采场汇水面积大，地表水对采场充水影响大	水文地质条件较复杂。采场位于当地侵蚀基准面以下，采场涌水量为200～800m^3/h；采场汇水面积较大，地表水对采场充水影响较大	水文地质条件简单。采场位于当地侵蚀基准面以上，能自然排水，采场涌水量小于200m^3/h；采场汇水面积小，地表水对采场充水影响小
废（矸）石、废渣、废水有毒有害组分含量高，对水土污染影响严重，对人体健康危害大	废（矸）石、废渣、废水含有毒有害组分含量较高，对水土污染影响较大，对人体健康有一定危害	废（矸）石、废渣、废水有毒有害组分含量低，对水土污染影响小，对人体健康危害小
开采面积及采坑深度大，废渣、废石多，形成废渣、废石流可能性大	开采面积及采坑深度较大，形成废渣、废石流可能性较大	采坑面积及采坑深度小，废渣、废石较少，形成废渣、废石流可能性小

续表 6-5

复　杂	中　等	简　单
现状条件下矿山地质环境问题多，对人居环境、自然景观影响大	现状条件下矿山地质环境问题较多，对人居环境、自然景观有一定影响	现状条件下矿山地质环境问题少，对人居环境、自然景观影响小
地质构造复杂。断裂构造及破碎带对采场充水及矿床开采影响大	地质构造较复杂。断裂构造及破碎带对采场充水及对矿床开采影响较大	地质构造简单。断裂构造及破碎带对采场充水及对矿床开采影响小或无影响
工程地质条件复杂。残坡积层、岩石风化破碎带厚度大于 10m；采场边坡岩石风化破碎严重或土层松软，易产生边坡失稳	工程地质条件较复杂。残坡积层、岩石风化破碎带厚度为 5～10m；采场边坡岩石风化破碎较严重，仅局部边坡不稳定	工程地质条件简单。残坡积层、岩石风化破碎带厚度小于 5m；采场边坡岩石风化弱，土层薄，边坡较稳定
地形条件复杂。起伏变化大，地形坡度一般大于 35°；地貌单元类型多，高坡方向岩层倾向与采坑斜坡多为同向	地形条件较复杂。起伏变化较大，地形坡度为 20°～35°；地貌单元类型较多，高坡方向岩层倾向与采坑斜坡多为斜交	地形条件较简单。起伏变化不大，地形坡度小于 20°；地貌单元类型简单，高坡方向岩层倾向与采坑斜坡多为反向

注：分级采取按上一级别优先的原则确定。前 4 列中只要有一条满足某一级别或者后 3 列同时满足某一级别，则应定为该级别。

（4）矿山生产建设规模按矿种和年生产量分为大型、中型、小型三类，矿山生产建设规模的分类见表 6-6。

表 6-6　矿山生产建设规模分类一览表

矿种类别	计量单位	年生产量			备　注
		大　型	中　型	小　型	
煤（地下开采）	万吨	≥120	120～45	<45	原　煤
煤（露天开采）	万吨	≥400	400～100	<100	原　煤
石　油	万吨	≥50	50～10	<10	原　油
油页岩	万吨	≥200	200～50	<50	矿　石
烃类天然气	亿立方米	≥5	5～1	<1	
二氧化碳气	亿立方米	≥5	5～1	<1	
煤成（层）气	亿立方米	≥5	5～1	<1	
地热（热水）	万立方米	≥20	20～10	<10	
地热（热气）	万立方米	≥10	10～5	<5	
放射性矿产	万吨	≥10	10～5	<5	
金（岩金）	万吨	≥15	15～6	<6	矿　石
金（砂金船采）	万立方米	≥210	210～60	<60	矿　石
金（砂金机采）	万立方米	≥80	80～20	<20	矿　石
银	万吨	≥30	30～20	<20	矿　石
其他贵金属	万吨	≥10	10～5	<5	矿　石
铁（地下开采）	万吨	≥100	100～30	<30	矿　石
铁（露天开采）	万吨	≥200	200～50	<60	矿　石

续表 6-6

矿种类别	计量单位	年生产量			备注
		大型	中型	小型	
锰	万吨	≥10	10～5	<5	矿石
铬、钛、钒	万吨	≥10	10～5	<5	矿石
铜	万吨	≥100	100～30	<30	矿石
铅	万吨	≥100	100～30	<30	矿石
锌	万吨	≥100	100～30	<30	矿石
钨	万吨	≥100	100～30	<30	矿石
锡	万吨	≥100	100～30	<30	矿石
锑	万吨	≥100	100～30	<30	矿石
铝土矿	万吨	≥100	100～30	<30	矿石
钼	万吨	≥100	100～30	<30	矿石
镍	万吨	≥100	100～30	<30	矿石
钴	万吨	≥100	100～30	<30	矿石
镁	万吨	≥100	100～30	<30	矿石
铋	万吨	≥100	100～30	<30	矿石
汞	万吨	≥100	100～30	<30	矿石
稀土、稀有金属	万吨	≥100	100～30	<30	矿石
石灰岩	万吨	≥100	100～50	<20	矿石
硅石	万吨	≥20	20～10	<10	矿石
白云石	万吨	≥50	50～30	<30	矿石
耐火黏土	万吨	≥20	20～10	<10	矿石
萤石	万吨	≥10	10～5	<5	矿石
硫铁矿	万吨	≥50	50～20	<20	矿石
自然硫	万吨	≥30	30～10	<10	矿石
磷矿	万吨	≥100	100～30	<30	矿石
岩盐、井盐	万吨	≥20	20～10	<10	矿石
湖岩	万吨	≥20	20～10	<10	矿石
钾盐	万吨	≥30	30～5	<5	矿石
芒硝	万吨	≥50	50～10	<10	矿石
碘		按小型矿山归类			
砷、雌黄、雄黄、毒砂		按小型矿山归类			
金刚石	万吨	≥2		<0.6	1克≈5克拉
宝石		按小型矿山归类			
云母		按小型矿山归类			工业云母
石棉	万吨	≥2		<1	石棉
重晶石	万吨	≥10		<5	矿石

续表 6-6

矿种类别	计量单位	年生产量			备注
		大型	中型	小型	
石膏	万吨	≥30		<10	矿石
滑石	万吨	≥10		<5	矿石
长石	万吨	≥20		<10	矿石
高岭土、瓷土等	万吨	≥10	10~5	<5	矿石
膨润土	万吨	≥10	10~5	<5	矿石
叶蜡石	万吨	≥10	10~5	<5	矿石
沸石	万吨	≥30	30~10	<10	矿石
石墨	万吨	≥1	1~0.3	<0.3	石墨
玻璃用砂、砂岩	万吨	≥30	30~10	<10	矿石
水泥用砂岩	万吨	≥60	60~20	<20	矿石
建筑石料	万立方米	≥10	10~5	<5	
建筑用砂、砖瓦黏土	万吨	≥30	30~5	<5	矿石
页岩	万吨	≥30	30~5	<5	矿石
矿泉水	万吨	≥10	10~5	<5	

（5）评估精度要求。

1）一级评估应定量-半定量地做出矿山环境影响程度现状评估、预测评估和综合评估。

2）二级评估应半定量-定性地做出矿山环境影响程度现状评估、预测评估和综合评估。

3）三级评估应定性地做出矿山环境影响程度现状评估、预测评估和综合评估。

6.4.3.4 评估工作程序与方法

A 评估工作程序

评估工作程序主要是：

（1）在矿山环境调查的基础上划分评估级别、确定评估范围。

（2）分析评估区矿山环境问题的影响因素、产生原因、演化趋势等。

（3）进行矿山环境影响评估。

B 评估工作方法

评估工作方法有：

（1）矿山环境影响评估方法可采用层次分析法、模糊综合评判法、相关分析法和类比法等方法。

（2）新建矿山以环境影响预测评估为主；已投产和改（扩）建矿山应现状评估与预测评估并重。

6.4.3.5 评估技术要求

矿山环境影响评估范围应包括矿山用地范围、矿业活动影响范围和可能影响矿业活动的不良地质因素存在的范围。矿山环境影响评估应在查明矿山地质环境条件的基础上，根据矿山开采现状和开发利用方案，对矿山环境问题进行现状评估、预测评估和综合评估。

A 现状评估

现状评估主要包括：

（1）分析评估区存在的矿山环境问题的发育程度、表现特征和成因；分析相邻矿山矿业活动的相互影响特征与程度。

（2）评估各种环境问题对人员、财产、环境、资源及重要建设工程、设施的危害与影响程度。矿业活动对矿山环境影响程度的分级见表6-7。矿山地质危害程度分级表见表6-8。

表6-7 矿业活动对矿山环境影响程度的分级

影响程度分级	确定要素					
	地质灾害影响对象	地质灾害危害程度	影响的土地资源类型	水资源的影响	水环境的影响	防治难度
严重	各类保护区、城镇、大村庄、重要交通干线、重要工程设施	严重	灌溉水田、基本农田	大面积地表水漏水，使水田变成旱地，地下水枯竭，影响水源地供水	污染河流、水库或者大面积地表、地下水体	难度大
较严重	村庄、一般交通干线和工程设施	较严重	灌溉水田、基本农田以外的耕地	小范围地表水漏水，地下水位超长下降，但影响限于局部	污染小溪、水塘、局部地表地下水体	难度较大
较轻	分散性居民区或无居民区	较轻	耕地以外的农用地、未利用地	无地表水漏水、泉水干涸等现象，不影响当地生产生活	基本无污染或者仅限于极小范围内的轻微污染	难度小

注：分级采取按上一级别优先的原则确定，只要有一项要素符合某一级别，则应定为该级别。

表6-8 矿山地质危害程度分级表

危害程度分级	受威胁人数/人	受威胁财产/万元
严　重	>100	>500
较严重	10～100	100～500
较　轻	<10	<100

注：分级采取按上一级别优先的原则确定，只要有一项指标达到某分级标准，则应定为该级别。

（3）评估矿山环境保护、治理及地质灾害防治工作状况及效果。

（4）评述评估区的环境质量状况和矿山环境问题的防治难度。

B 预测评估

在现状评估的基础上，根据矿山类型和矿山开发利用方案确定开采范围、深度、规模和采、选、冶方法、废弃物（包括废石、矿渣、尾矿、废水）的处置方式等，结合评估区地质环境条件，预测矿业活动可能产生、加剧的环境问题和矿山建设遭受地质灾害的危险性，并对其发展趋势、危害对象、影响程度和防治难度进行分析论证和评估。具体内容有：

（1）预测矿业活动可能引发和加剧的环境问题的种类、规模和原因。

（2）预测评估各种环境问题对人员、财产、环境、资源及重要建设工程设施的危害与影响程度。

（3）预测矿山建设遭受地质灾害的危险性，按表6-9执行。

表6-9 地质灾害危险性分级表

隐患体稳定状态	地质灾害危害程度		
	严　重	较严重	较　轻
不稳定	危险性大	危险性大	危险性中等
较不稳定	危险性大	危险性中等	危险性小
基本稳定	危险性中等	危险性小	危险性小

注：地质灾害危害程度的确定按表6-7执行。

（4）预测在矿业活动结束时评估区的总体地质环境质量状况。

（5）分析矿业活动引发的各种环境问题的防治难度。

C 综合评估

在现状评估、预测评估的基础上对评估区环境总体影响程度作出综合评估结论。矿山环境总体影响程度依据对生态环境、资源和重要建设工程及设施的破坏与影响程度、地质灾害危险性大小、危害对象和矿山环境问题的防治难度等划分为影响严重、影响较重和影响较轻三个等级。影响程度分级见表6-7。

6.4.4 矿山环境保护与综合治理方案的编制

为了实现矿产资源开发与生态环境保护协调发展，提高矿产资源开发利用效率，避免和减少矿区生态环境破坏和污染，应做好矿山生态环境保护与综合治理方案，并且全面实施，使矿山企业的生产环境和矿区人民的生活环境得到明显改善。新建和已投产生产的矿山企业必须编制矿山环境保护与综合治理方案，经专家评审后，报国土资源行政主管部门批准。矿山环境保护与综合治理方案是各级国土资源行政主管部门颁发采矿许可证的依据；是矿业权人转让、变更、延续采矿权的依据；是实行保证金制度的依据；是各级国土资源行政主管部门监督、管理矿山环境保护与综合治理实施情况的依据。根据矿山环境影响评估结果人居环境和经济社会发展的需求，明确矿山环境保护与综合治理目标、任务。

结合矿山服务年限和开采计划，确定矿山环境保护与综合治理方案的适用年限。

6.4.4.1 矿山环境保护与综合治理工程方案内容

矿山环境保护与综合治理工程方案的内容包括：

（1）编制表层土的剥离、堆放、存储、再利用方案。

（2）采矿废弃的矿渣、煤矸石、围岩杂石等固体废弃物的存放、处理、再利用方案。

（3）选矿中产生的尾矿渣、矿泥等尾矿及废弃物的排放、存储方案。

（4）采矿场及梯级开采边坡的保护和边坡整治方案。

（5）采矿已诱发的地质灾害的治理和矿区潜在地质灾害的防治方案。

（6）地下水均衡恢复、水污染防治方案。

（7）废水的存储、处理、再利用方案。

（8）矿区土地复垦和植被恢复或重建方案。

（9）其他矿山环境问题防治方案。

6.4.4.2 生产矿山环境保护与综合治理方案文字报告

生产矿山环境保护与综合治理方案应参照以下提纲编写：

（1）前言部分，内容主要包括方案编制的依据、方案编制的目的、治理方案适用年限。

（2）矿山基本情况。矿山基本情况应该阐述：

1）矿区自然地理。

2）矿区地质条件，包括地层、构造、岩浆岩、水文地质条件、工程地质条件等。

3）矿山企业概况。矿山所处行政区位置、分布范围、地理坐标、区位条件、矿区及周围经济社会环境；矿产资源及储量、矿床类型与地质特征；矿山设计生产服务年限、矿山开采年限、年生产能力及产量变化；开采历史、现状、矿山尚有生产服务年限。

4）矿山开发方案概述，包括矿山建设规模及工程布局，矿山开采方式、方法及开采影响范围；废弃物处置情况；选（冶）位置及生产工艺流程；尾矿库位置、规模等。

（3）矿山环境现状及发展趋势，主要包括：

1）矿山环境现状，包括土地、植被资源占用和破坏问题；水资源、水环境变化问题；矿山地质灾害等。

2）矿山环境发展趋势分析。

（4）矿山环境影响评估，主要包括：

1）评估级别确定；

2）矿山环境影响现状评估；

3）矿山环境影响预测评估；

4）矿山环境影响综合评估。

（5）矿山环境保护与综合治理原则、目标和任务，主要包括：

1）矿山环境保护与综合治理原则；

2）矿山环境保护与综合治理目标；

3）矿山环境保护与综合治理任务。

（6）矿山环境保护与综合治理总体布局，主要包括：

1）矿山环境保护与综合治理分区；

2）矿山环境保护与综合治理工作部署；

3）矿山环境保护与综合治理技术方法。

（7）矿山环境保护与综合治理工程，主要包括：

1）保护方案，主要包括保护目标、保护措施、资金来源等。

2）治理工程方案，主要包括分述治理工程名称、治理对象、主要工作量、投资概算、资金筹措方式、工期与进度、组织管理、保障措施、社会效益、经济效益、环境效益分析。

3）矿山环境监测方案，主要是提出开采过程中为切实加强矿山环境保护，应重点监测的内容、监测点的布设、监测方法以及资金投入等。

（8）保护与治理方案的可行性分析及建议。

（9）主要附图，包括：

1）矿山环境现状图；

2）矿山环境影响评估图；

3）矿山环境保护与综合治理方案图。

6.4.4.3 新建矿山环境保护与综合治理方案文字报告

新建矿山环境保护与综合治理方案应参照以下提纲编写：

（1）前言部分，内容主要包括方案编制的依据、方案编制的目的、方案适用的年限。

（2）矿山基本情况。矿山基本情况应该阐述：

1）矿区自然地理。

2）矿区地质条件，包括地层、构造、岩浆岩、水文地质条件、工程地质条件等。

3）矿山企业概况。矿山所处行政区位置、分布范围、地理坐标、区位条件、矿区及周围经济社会环境；矿产资源及储量、矿床类型与地质特征；矿山设计生产服务年限、年生产能力。

4）矿山开发方案概述，包括矿山建设规模及工程布局，矿山开采方式、方法及开采影响范围；废弃物处置情况；选（冶）位置及生产工艺流程；尾矿库位置、规模等。

（3）矿山环境影响评估，主要包括：

1）评估级别确定；

2）可能引发的矿山环境问题分析；

3）矿山环境影响预测评估。

（4）矿山环境保护与综合治理原则、目标和任务，主要包括：

1）矿山环境保护与综合治理原则；

2）矿山环境保护与综合治理目标；

3）矿山环境保护与综合治理任务。

（5）矿山环境保护与综合治理总体布局，主要包括：

1）矿山环境保护与综合治理分区；

2）矿山环境保护与综合治理工作部署；

3）矿山环境保护与综合治理技术方法。

（6）矿山环境保护与综合治理工程，主要包括：

1）保护方案，主要包括保护目标、保护措施、资金来源等。

2）治理工程方案，主要包括按治理对象分述治理工程名称、主要工作量、投资概算、资金筹措方式、工期与进度、组织管理、保障措施、社会效益、经济效益、环境效益分析等。

3）矿山环境监测方案，主要是提出开采过程中为切实加强矿山环境保护，应重点监测的内容、监测点的布设、监测方法以及资金投入等。

（7）保护与治理方案的可行性分析及建议。

（8）主要附图，包括：

1）矿山环境现状图；

2）矿山环境影响预测评估图；

3）矿山环境保护与综合治理方案图。

6.4.4.4 附图编制要求

矿山环境保护与综合治理方案成果图件的编制要求如下。

A 一般要求

矿山环境保护与综合治理方案成果图件的一般要求是：

（1）成果图件应在深入分析已有资料和最新调查成果及综合研究的基础上编制。

（2）成果图件应符合有关要求，表示方法合理，层次清楚，清晰直观，图式、图例、注记齐全，读图方便。

（3）工作底图采用最新地理底图或地形地质图。

（4）利用地理信息系统等新技术数字化成图，图形数据文件命名清晰，并与工程文件一起存储。

（5）成图比例尺原则上不小于矿山精查报告比例尺。当矿区范围较大时，成图比例尺最小为1:10000。

B 某矿山环境现状图

a 图面

图面主要反映矿区的地质环境条件、矿山环境问题以及矿山开采程度等，主要包括以下内容：

（1）地理要素，包括主要地形等高线、控制点；地表水系、水库、湖泊的分布；重要城镇、村庄、工矿企业；干线公路、铁路、重要管线；人文景观、地质遗迹、供水水源地等各类保护设施。涉及的地理要素编绘方法可以参照 DZ/T 0157—1995。

（2）地质环境条件要素，包括矿区地貌分区与主要地质构造、土地利用现状、水文地质要素（如井、泉分布）等。

（3）矿山开采要素，包括矿区范围、现有开采井筒、主要巷道的布置、采空区的分布等。

（4）主要矿山环境问题（包括地质灾害），包括已发生的滑坡、崩塌、泥石流、地面塌陷（开采沉陷、岩溶塌陷）、地裂缝等地质灾害的分布和规模，潜在的地质灾害的类型和分布；土地沙化与水土流失分布范围；固体废弃物堆放位置与规模；地下水均衡破坏范围；水土污染范围等。

b 镶图

可根据需要在平面图上附专门性镶图，如区域地质灾害分布现状图、降水等值线图、活动断裂与地震震中分布图、地下水等水位线图、地质剖面图等。

c 镶表

用表的形式说明矿山环境问题（含地质灾害）编号、地理位置、类型、规模、形成条件与成因、危险性与危害程度、发展趋势等。

C 某矿山环境影响评估图

a 图面

图面主要反映矿业活动对矿山环境的影响。主要包括以下内容：

（1）地理要素，包括主要地形等高线、控制点；地表水系、水库、湖泊；重要城镇、村庄、工矿企业；干线公路、铁路、重要管线；人文景观、地质遗迹、供水水源地等各类保护设施。地理要素的编绘方法可以参照中华人民共和国地质矿产行业标准 DZ/T 0157—1995。

（2）地质环境条件要素，包括矿区地貌分区与主要地质构造、土地利用现状、水文地质要素（如井、泉分布）等。

（3）矿山开采要素，包括矿区范围、现有开采井筒、主要巷道的布置、采空区的分布等。

（4）矿山环境影响评估分区，根据评估结果在图面上表示，可分为严重区、较严重区和一般区。

b 镶图

对重点区域，可以在图面上以大比例尺的镶图作进一步说明，如完整的泥石流沟谷、地下水疏干范围等。

c 镶表

用镶表对矿山地质环境影响评估分区加以说明，如矿山环境影响分区编号、地理位置、主要矿山环境问题（含地质灾害）类型、成因、危害、综合影响评估结果等。

D 采矿环境保护与综合治理方案图

a 图面

图面上主要反映矿山环境保护与综合治理的规划分区等。主要包括以下内容：

（1）地理要素，包括主要地形等高线、控制点；地表水系、水库、湖泊；重要城镇、村庄、工矿企业；干线公路、铁路、重要管线；人文景观、地质遗迹、供水资源地等各类保护设施。地理要素编绘方法参照 DZ/T 0157—1995。

（2）地质环境条件要素，包括矿区地貌分区与主要地质构造、土地利用现状、水文地质要素（如井、泉分布）等。

（3）矿山开采要素，包括矿区范围、现有开采井筒、主要巷道的布置、采空区的分布等。

（4）矿山环境保护规划分区，根据矿山环境影响评估结果结合本地区环境保护规划划分出重点保护区、次重点保护区、一般保护区。

（5）矿山环境综合治理规划分区，根据矿山环境影响评估结果，按照轻重缓急、分阶段实施的原则，划分出近期、中期、远期综合治理区，并分别表示出主要治理工程措施。

b 镶图

根据需要宜对矿山环境保护分区内的重要人文景观、地质遗迹、工程设施等，插入大比例尺镶图作进一步说明；此外，对于综合治理规划区内的主要工程部署、治理工程措施与手段等附以专门性镶图。

c 镶表

用镶表对矿山环境保护分区和矿山环境综合合理规划分区加以说明，如分区（段）名称、位置、面积；主要矿山环境问题类型、特点和危害；保护区的主要保护措施、方法、手段；综合治理规划区的治理方法、措施、手段。

参考文献

[1] 陈国山. 金属矿地下开采（第2版）[M]. 北京：冶金工业出版社，2012.
[2] 陈国山. 露天采矿技术 [M]. 北京：冶金工业出版社，2011.
[3] 陈国山. 矿山通风与环保 [M]. 北京：冶金工业出版社，2008.
[4] 蒋家超，等. 矿山固体废物处理与资源化 [M]. 北京：冶金工业出版社，2007.
[5] 余经海. 工业水处理技术 [M]. 北京：化学工业出版社，2010.
[6] 徐晓军，等. 矿业环境工程与土地复垦 [M]. 北京：化学工业出版社，2010.
[7] 竹涛，等. 矿山固体废物综合利用技术 [M]. 北京：化学工业出版社，2012.
[8] 蒋仲安. 矿山环境工程（第2版）[M]. 北京：冶金工业出版社，2011.
[9] 韦冠俊. 矿山环境工程 [M]. 北京：冶金工业出版社，2001.